电力行业职业能力培训教材

《变电站带电检测人员培训考核规范》
（T/CEC 317–2020）辅导教材

中国电力企业联合会技能鉴定与教育培训中心
中电联人才测评中心有限公司　组编

解晓东　牛林　主编

中国水利水电出版社
www.waterpub.com.cn
·北京·

内 容 提 要

　　本书为《变电站带电检测人员培训考核规范》(T/CEC 317—2020) 的配套教材，详细阐述了变电站带电检测人员的能力培训模块及能力项内容，旨在为变电站带电检测人员培训提供标准化培训教材，规范电力行业变电站带电检测人员专业能力培训和评价内容，完善电力行业变电站带电检测技能培训体系，全面提升变电站带电检测人员实际应用技能水平。

　　本书为电力行业变电站带电检测人员能力等级考试必备教材，可作为变电站带电检测人员岗位培训、取证的辅导用书，也作为带电检测技能竞赛学习参考用书以及供电公司带电检测专业管理人员和院校相关专业师生阅读参考书。

图书在版编目（ＣＩＰ）数据

　　《变电站带电检测人员培训考核规范》（T/CEC 317-
2020)辅导教材 / 解晓东，牛林主编 ；中国电力企业联
合会技能鉴定与教育培训中心，中电联人才测评中心有限
公司组编. -- 北京 ：中国水利水电出版社，2021.6
　　ISBN 978-7-5170-9682-5

　　Ⅰ．①变… Ⅱ．①解… ②牛… ③中… ④中… Ⅲ.
①变电所－电气设备－带电测量－技术培训－教材 Ⅳ.
①TM63

　　中国版本图书馆CIP数据核字(2021)第126483号

书　　　名	《变电站带电检测人员培训考核规范》 (T/CEC 317—2020) 辅导教材 《BIANDIANZHAN DAIDIAN JIANCE RENYUAN PEIXUN KAOHE GUIFAN》(T/CEC 317—2020) FUDAO JIAOCAI
作　　　者	中国电力企业联合会技能鉴定与教育培训中心 中电联人才测评中心有限公司　组编 解晓东　牛林　主编
出 版 发 行	中国水利水电出版社 （北京市海淀区玉渊潭南路 1 号 D 座　100038） 网址：www. waterpub. com. cn E - mail：sales@ waterpub. com. cn 电话：(010) 68367658 （营销中心）
经　　　售	北京科水图书销售中心 （零售） 电话：(010) 88383994、63202643、68545874 全国各地新华书店和相关出版物销售网点
排　　版	中国水利水电出版社微机排版中心
印　　刷	天津嘉恒印务有限公司
规　　格	184mm×260mm　16 开本　15.5 印张　365 千字
版　　次	2021 年 6 月第 1 版　2021 年 6 月第 1 次印刷
印　　数	0001—2500 册
定　　价	**98.00元**

《电力行业职业能力培训教材》编审委员会

本书编写组

组编单位：中国电力企业联合会技能鉴定与教育培训中心

中电联人才测评中心有限公司

主编单位：EPTC带电检测教研组

国家电网有限公司技术学院分公司

中能国研（北京）电力科学研究院

成员单位：中国电力科学研究院有限公司

国网浙江省电力有限公司电力科学研究院

国网河南省电力公司技能培训中心

国网河北省电力有限公司电力科学研究院

国网吉林省电力有限公司培训中心

国网北京市电力公司电力科学研究院

广东电网有限责任公司广州供电局

内蒙古电力（集团）有限责任公司

国网山东省电力公司检修公司

国网安徽省电力有限公司电力科学研究院

国网临沂供电公司

山东大学

华北电力大学

西安交通大学

上海交通大学

山东泰开高压开关有限公司

上海驹电电气科技有限公司

本书编写人员名单

主　　编：解晓东　牛　林

副 主 编：陈邓伟　黄金鑫　颜湘莲　何文林

编写人员：段大鹏　冯新岩　潘　瑾　张　军　阎春雨

　　　　　李光茂　刘宏亮　王广真　张　鹏　兰志军

　　　　　刘弘景　徐尚超　相晨萌　杨　森　赵秀娜

　　　　　张　丹　李景华　刘相如　王　辉

审定人员：唐志国　苏镇西　董　明　王　辉

序

为进一步推动电力行业职业技能等级评价体系建设，促进电力从业人员职业能力的提升，中国电力企业联合会技能鉴定与教育培训中心、中电联人才测评中心有限公司在发布专业技术技能人员职业等级评价规范的基础上，组织行业专家编写《电力行业职业能力培训教材》（简称《教材》），满足电力教育培训的实际需求。

《教材》的出版是一项系统工程，涵盖电力行业多个专业，对开展技术技能培训和评价工作起着重要的指导作用。《教材》以各专业职业技能等级评价规范规定的内容为依据，以实际操作技能为主线，按照能力等级要求，汇集了运维管理人员实际工作中具有代表性和典型性的理论知识与实操技能，构成了各专业的培训与评价的知识点，《教材》的深度、广度力求涵盖技能等级评价所要求的内容。

本套培训教材是规范电力行业职业培训、完善技能等级评价方面的探索和尝试，凝聚了全行业专家的经验和智慧，具有实用性、针对性、可操作性等特点，旨在开启技能等级评价规范配套教材的新篇章，实现全行业教育培训资源的共建共享。

当前社会，科学技术飞速发展，本套培训教材虽然经过认真编写、校订和审核，仍然难免有疏漏和不足之处，需要不断地补充、修订和完善。欢迎使用本套培训教材的读者提出宝贵意见和建议。

中国电力企业联合会技能鉴定与教育培训中心
2020 年 1 月

前　言

随着中国社会经济的高速发展，电网建设日趋复杂，全面推行和深化电网设备状态检修是当前电网快速发展阶段保证电网设备安全可靠运行最现实、最有效的措施。带电检测技术作为状态检修的重要技术手段，在超前防范事故隐患，降低事故损失、提高工作效率等方面起到了积极作用，在电力检修中的优势突显出来，带电检测技术在电网中得以大力推广与应用。因此，迫切需要加强带电检测人员的技能培训，加快人才队伍建设，提高带电检测人员的工作效率和技能水平，以人才升级助推电网业务转型升级。

本书为《变电站带电检测人员培训考核规范》（T/CEC 317—2020）的配套教材，详细阐述了变电站带电检测人员的能力培训模块及能力项内容，旨在为变电站带电检测人员培训提供标准化培训教材，规范电力行业带电检测人员专业能力培训和评价内容，完善变电站带电检测人员技能培训体系，全面提升变电站带电检测人员实际应用技能水平。

本书共分局部放电检测、化学检测、光学检测和电流检测四个专业部分，涵盖特高频局部放电检测、超声波局部放电检测、暂态地电压检测、高频局部放电检测、变压器油中溶解气体检测、电气设备中SF_6气体检测、红外热成像检测、红外成像检漏、紫外成像检测、X射线检测、电容型设备相对介质损耗因数及电容量比值带电检测、避雷器泄漏电流带电检测、变压器铁芯接地电流带电检测和电缆外护层接地电流带电检测等十四个带电检测项目，详细介绍了上述带电检测项目的检测原理、检测仪器的使用及维护、现场检测流程、故障分析与诊断方法以及案例分析，贴合带电检测技术现场应用实际。

本书在编写的过程中，得到了国家电网有限公司、中国南方电网有限责任公司、内蒙古电力（集团）有限责任公司等单位领导和专家的大力支持。同时也参考了一些业内专家和学者的著述，在此一并表示衷心的感谢。

由于编写时间紧，且带电检测技术发展迅速，书中难免有不足之处，敬请广大读者予以指正。

编者

2021 年 1 月

目　录

第一篇

局部放电检测

引　言

电力设备是电网的基本构成单元，其安全运行对电网的供电可靠性有着至关重要的影响，而电力设备的绝缘故障是影响电气设备正常运行的重要因素。研究表明，局部放电是导致电力设备绝缘劣化的主要原因，因此，采用有效的方法及时对设备的局部放电情况进行检测和分析，从而实现对电气设备快速故障诊断和故障排除，可有效避免设备故障引起的大规模电网事故，对电网的安全稳定运行有重要的意义。

局部放电检测技术作为一种目前发展较为成熟的带电检测技术，因其具有不停电检测、方式灵活、投资小、见效快等诸多优点，目前在电力系统得到了广泛应用，发现和消除了一大批设备缺陷和隐患，有效避免了设备故障或由此引发的电网故障，成为电力设备安全、电网稳定运行的重要保障。

按检测方法的基本原理分类，局部放电的检测方法可以分为电测法和非电测法两大类。电测法包括：脉冲电流法、无线电干扰法、介质损耗分析法；非电测法包括：声测法、光测法、化学检测法和红外热测法等。按照实现的技术手段进行分类，局部放电的检测方法可分为直接法和间接法。直接法的理论基础是经典电路理论，如脉冲电流法，也称为传统检测法。间接法主要通过检测局部放电伴生参量而实现局部放电检测的方法，如化学法、光学法、电磁法、声波法、热扫描或测温法等。

本篇重点介绍局部放电间接法中的电磁波法。由于局部放电发生时会辐射出频带很宽的电磁波，因此按照检测的电磁波信号频带范围的不同，局部放电检测方法可分为特高频（Ultra High Frequency，UHF）局部放电检测、超声波（Ultrasonic）局部放电检测、暂态地电压（Transient Earth Voltage，TEV）局部放电检测和高频（High Frequency，HF）局部放电检测等几种方法。这几种检测技术及检测仪器较为成熟，现场应用效果相对较好。在实际检测过程中，通常需要同时应用几种检测技术进行检测和分析诊断，再结合电力设备的运行状态、运行环境等因素进行综合评估。

特高频局部放电检测

第一节 检 测 原 理

电力设备绝缘体中绝缘强度和击穿场强都很高，当局部放电在很小的范围内发生时，击穿过程很快，将产生很陡的脉冲电流，其上升时间小于 1ns，并激发频率高达数吉赫兹的电磁波。特高频局部放电检测法于 20 世纪 80 年代初期由英国中央电力局（CEGB）实验室提出，其基本原理是通过特高频传感器对电力设备中局部放电时产生的特高频电磁波（300MHz ≤ f ≤ 3GHz）信号进行检测，从而获得局部放电的相关信息，实现局部放电监测。根据现场设备情况的不同，可以采用内置式特高频传感器和外置式特高频传感器，如图 1-1 所示为特高频检测法基本原理示意图。由于现场的晕干扰主要集中在 300MHz 频段以下，因此特高频法能有效地避开现场的电晕等干扰，具有较高的灵敏度和抗干扰能力，可实现局部放电带电检测、定位以及缺陷类型识别等优点。

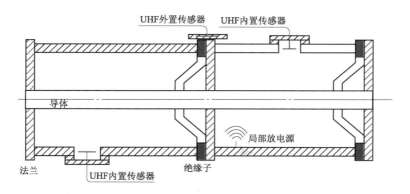

图 1-1 特高频检测法基本原理

特高频检测法和其他局部放电在线检测技术相比，具有下述显著的优点。

1. 检测灵敏度高

局部放电产生的特高频电磁波信号在 GIS 中传播时衰减较小，如果不计绝缘子等处的影响，1GHz 的特高频电磁波信号衰减仅为 3～5dB/km，而且由于电磁波在 GIS 中绝缘子等不连续处反射，还会在 GIS 腔体中引起谐振，使得局部放电信号振荡时间加长，便于检测。因此，特高频法能具有很高的灵敏度。另外，与超声波检测法相比，其检测有效范围大得多，实现 GIS 在线监测需要的传感器数目较少。

2. 现场抗干扰能力强

由于 GIS 运行现场存在着大量的电气干扰，给局部放电检测带来了一定的难度。高压线路与设备在空气中的电晕放电干扰是现场最为常见的干扰，其放电能量主要在 200MHz 以下频率。特高频法的检测频段通常为 300MHz～3GHz，有效地避开了现场电晕等干扰，因此具有较强的抗干扰能力。

3. 可实现局部放电在线定位

局部放电产生的电磁波信号在 GIS 腔体中的传播速度近似为光速，其到达各特高频传感器的时间与其传播距离直接相关，因此，可根据特高频电磁波信号到达其附近两侧特高频传感器的时间差，计算出局部放电源的具体位置，实现绝缘缺陷定位。为 GIS 设备的维修计划制订、提高检修工作效率提供了有力的支持。

4. 利于绝缘缺陷类型识别

不同类型绝缘缺陷的局部放电所产生的特高频信号具有不同的频谱特征。因此，除了可利用常规方法的信号时域分布特征以外，还可以结合特高频信号频域分布特征进行局部放电类型识别，实现绝缘缺陷类型诊断。

第二节　检测仪器的使用及维护

一、特高频局放检测仪的组成

特高频局放检测仪一般由下列几部分组成，如图 1-2 所示。

（1）特高频传感器：耦合器，感应 300MHz～1.5GHz 的特高频无线电信号。

（2）信号放大器（可选）：某些局放检测仪会包含信号放大器，对来自前端的局放信号做放大处理。

（3）检测仪器主机：接收、处理耦合器采集到的特高频局部放电信号。

（4）分析主机（笔记本电脑）：运行局放分析软件，对采集的数据进行处理，识别放电类型，判断放电强度。

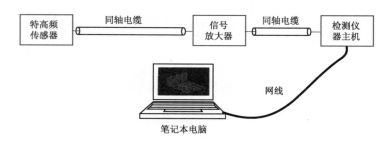

图 1-2　特高频局放测试仪组成示意图

二、特高频局部放电检测仪器的使用

开始局部放电特高频检测前，应准备好下列的仪器、工具：

（1）分析主机：用于局部放电信号的采集、分析处理、诊断与显示。

（2）特高频传感器：用于耦合特高频局放信号。

（3）信号放大器：当测得的信号较微弱时，为便于观察和判断，需接入信号放大器。

（4）特高频信号线：连接传感器和信号放大器或检测主机。

（5）工作电源：220V 工作电源，为检测仪器主机、信号放大器和笔记本电脑供电。

（6）接地线：用于仪器外壳的接地，保护检测人员及设备的安全。

（7）绑带：需要长时间监测时，用于将传感器固定在待测设备外部。

（8）网线：用于检测仪器主机和笔记本电脑通信。

（9）记录纸、笔：用于记录检测数据。

三、检测接线

在采用特高频法检测局部放电的过程中，应按照所使用的特高频局放检测仪操作说明，连接好传感器、信号放大器、检测仪器主机等各部件，通过绑带（或人工）将传感器固定在盆式绝缘子上，必要的情况下，可以接入信号放大器。具体连接示意图如图 1 - 3 所示。

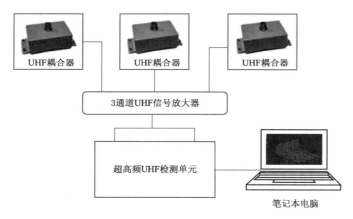

图 1 - 3　特高频局放检测仪连接示意图

某些厂家的 GIS 盆式绝缘子是屏蔽的，此类 GIS 不适合用外置式传感器进行检测，因而在检测前需要确认待测的 GIS 盆式绝缘子是否处于屏蔽状态。检测过程中，应注意传感器应与盆式绝缘子紧密接触，且应放置于两根禁锢盆式绝缘子螺栓的中间，以减少螺栓对内部电磁波的屏蔽以及传感器与螺栓产生的外部静电干扰；在测量时应尽可能保证传感器与盆式绝缘子的接触，不能因为传感器移动引起的信号而干扰正确判断。

四、特高频局部放电检测仪器的维护

（1）仪器要有合格证书、产品说明书、出厂检测报告、附件、备品备件齐全。

（2）检查仪器外观无损伤、表面有无灰尘，存贮应在环境温度为－40～60℃、湿度不大于85％的库房内，室内无酸、碱、盐及腐蚀性、爆炸性气体，不受灰尘雨雪的侵蚀。

（3）检查各类信号线、电源线的安装与连接是否牢固、可靠。

（4）对巡检型检测仪要及时充电，充满电单次持续工作时间应不低于4h。

（5）要定期检查仪器各项功能是否正常，并按照仪器检验周期进行定期检验，确保仪器检测数据准确可靠。

第三节 现 场 检 测

一、操作流程

在采用特高频法检测局部放电时，典型的操作流程如图1-4所示。

（1）设备连接：按照设备接线图连接测试仪各部件，将传感器固定在盆式绝缘子上，将检测仪主机及传感器正确接地，电脑、检测仪主机连接电源，开机。

（2）工况检查：开机后，运行检测软件，检查主机与电脑通信状况、同步状态、相位偏移等参数；进行系统自检，确认各检测通道工作正常。

（3）设置检测参数：设置变电站名称、检测位置并做好标注。根据现场噪声水平设定各通道信号检测阈值。

（4）信号检测：打开连接传感器的检测通道，观察检测到的信号。如果发现信号无异常，保存少量数据，退出并改变检测位置继续下一点检测；如果发现信号异常，则延长检测时间并记录多组数据，进入异常诊断流程。必要的情况下，可以接入信号放大器。

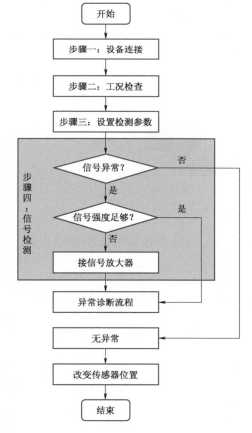

图1-4 现场检测流程图

二、特高频局部放电检测的注意事项

（一）安全注意事项

为确保安全生产，特别是确保人身安全，除严格执行电力相关安全标准和安全规定之外，还应注意以下几点：

（1）检测时应勿碰勿动其他带电设备。

（2）防止传感器坠落到GIS管道上，避免发生事故。

（3）保证待测设备绝缘良好，以防止低压触电。

（4）在狭小空间中使用传感器时，应尽量避免身体触碰GIS管道。

（5）行走中注意脚下，避免踩踏设备管道。

（6）在进行检测时，要防止误碰误动GIS其他部件。

（7）在使用传感器进行检测时，应戴绝缘手套，避免手部直接接触传感器金属部件。

（二）测试注意事项

（1）特高频局放检测仪适用于检测盆式绝缘子为非屏蔽状态的 GIS 设备，若 GIS 的盆式绝缘子为屏蔽状态则无法检测。

（2）检测中应将同轴电缆完全展开，避免同轴电缆外皮受到剐蹭损伤。

（3）传感器应与盆式绝缘子紧密接触，且应放置于两根禁锢盆式绝缘子螺栓的中间，以减少螺栓对内部电磁波的屏蔽及传感器与螺栓产生的外部静电干扰。

（4）在测量时应尽可能保证传感器与盆式绝缘子的接触，不能因为传感器移动引起的信号而干扰正确判断。

（5）在检测时应最大限度保持测试周围信号的干净，尽量减少人为制造出的干扰信号，例如：手机信号、照相机闪光灯信号、照明灯信号等。

（6）在检测过程中，必须要保证外接电源的频率为 50Hz。

（7）对每个 GIS 间隔进行检测时，在无异常局放信号的情况下只需存储断路器带间隔仓的盆式绝缘子的三维信号，其他盆式绝缘子必须检测但可不用存储数据。在检测到异常信号时，必须对该间隔每个绝缘盆子进行检测并存储相应的数据。

（8）在开始检测时，不需要加装放大器进行测量。若发现有微弱的异常信号时，可接入放大器将信号放大以方便判断。

第四节　故障分析与诊断

一、典型缺陷图谱分析与诊断

通常在进行 GIS 特高频局放测量时，可能存在如下几种典型的缺陷局放信号：电晕放电、悬浮电位放电、自由金属颗粒放电、空穴放电，以及测试时现场常见的 4 种干扰信号图谱：雷达噪声、移动电话噪声、荧光噪声和马达噪声。表 1-1 典型缺陷局放图谱分析与诊断简明列举了上述几种信号的典型图谱，包括各类信号的 PRPS 图谱、峰值检测图谱和 PRPD 图谱。

表 1-1　　　　　　　　　　　　典型缺陷局放图谱分析与诊断

类型	PRPS 图谱	峰值检测图谱	PRPD 图谱
电晕放电			
放电的极性效应非常明显，通常在工频相位的负半周或正半周出现，放电信号强度较弱且相位分布较宽，放电次数较多。但较高电压等级下另一个半周也可能出现放电信号，幅值更高且相位分布较窄，放电次数较少			

类型	PRPS 图谱	峰值检测图谱	PRPD 图谱
悬浮电位放电	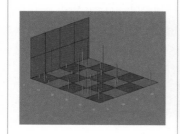	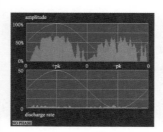	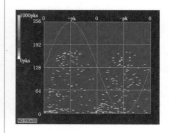
	放电信号通常在工频相位的正、负半周均会出现，且具有一定对称性，放电信号幅值很大且相邻放电信号时间间隔基本一致，放电次数少，放电重复率较低。PRPS 图谱具有"内八字"或"外八字"分布特征		
自由金属颗粒放电	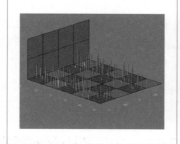	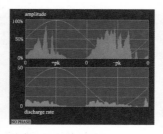	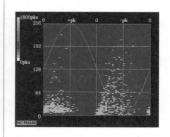
	局放信号极性效应不明显，任意相位上均有分布，放电次数少，放电幅值无明显规律，放电信号时间间隔不稳定。提高电压等级放电幅值增大但放电间隔降低		
空穴放电			
	放电信号通常在工频相位的正、负半周均会出现，且具有一定对称性，放电幅值较分散，且放电次数较少		

二、常见噪声干扰图谱

通常在进行 GIS 特高频局放测量时，可能存在如下几种常见的干扰信号图谱：荧光干扰、移动电话干扰、马达干扰和雷达干扰。表 1-2 典型干扰信号图谱分析与诊断简明列举了上述几种信号的典型图谱，包括各类信号的 PRPS 图谱、峰值检测图谱和 PRPD 图谱。

表 1 - 2　　　　　　　　　　　　典型干扰信号图谱分析与诊断

类型	PRPS 图谱	峰值检测图谱	PRPD 图谱
荧光干扰			
	局放信号幅值较分散，一般情况下工频相关性弱		
移动电话干扰			
	局放信号工频相关性弱，有特定的重复频率，幅值有规律变化		
马达干扰			
	局放信号无工频相关性，幅值分布较为分散，重复率低		
雷达干扰			
	局放信号有规律重复产生但无工频相关性，幅值有规律变化		

三、异常局放信号诊断流程

异常局放信号诊断流程如图 1-5 所示。

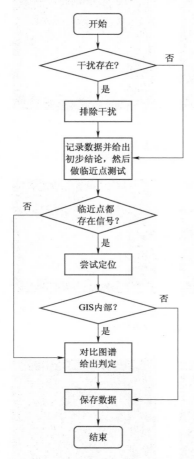

图 1-5 异常局放信号诊断流程图

1. 排除干扰

测试中的干扰可能来自各个方位，干扰源可能存在于电气设备内部或外部空间。在开始测试前，尽可能排除干扰源的存在，比如关闭荧光灯和关闭手机。尽管如此，现场环境中还是有部分干扰信号存在。

2. 记录数据并给出初步结论

采取降噪措施后，如果异常信号仍然存在，需要记录当前测点的数据，给出一个初步结论，然后检测相邻的位置。

3. 尝试定位

假如临近位置没有发现该异常信号，就可以确定该信号来自 GIS 内部，可以直接对该信号进行判定。假如附近都能发现该信号，需要对该信号尽可能地定位。放电定位是重要的抗干扰环节，可以通过强度定位法或者借助其他仪器，大概定出信号的来源。如果在 GIS 外部，可以确定是来自其他电气部分的干扰，如果是 GIS 内部，就可以做出异常诊断。

4. 对比图谱给出判定

一般的特高频局放检测仪都包含专家分析系统，可以对采集到的信号自动给出判定结果。测试人员可以参考系统的自动判定结果，同时把所测图谱与典型放电图谱进行比较，确定其局部放电的类型。

5. 保存数据

局部放电类型识别的准确程度取决于经验和数据的不断积累，检测结果和检修结果确定以后，应保留波形和图谱数据，作为今后局部放电类型识别的依据。

四、异常局放信号诊断注意事项

现场进行局部放电检测时，可利用下述原则进行异常情况的判断：

（1）当在空气中也能检测到异常信号时，首先要观察分析环境中可能的干扰源，能去除的应先去除干扰后再进行检测、分析。

（2）当传感器放置于盆式绝缘子后检测出异常信号时，此时拿开传感器再查看在空气中检测到的图谱是否与置于盆式绝缘子上检测到的图谱一致。若一致并且信号更大，则基本可判断为外部干扰；若不一致或变小，则需进一步检测判断。

（3）当该间隔检测出异常信号时，可检测该间隔相邻间隔的信号。看是否也存在相近的异常信号，若没有异常信号存在，则该间隔的异常信号可能为内部信号。

（4）检测出异常信号时，查看人工智能分析软件给出的结论是否为放电。

（5）检测出异常信号时，查看检测出的三维图谱与典型放电图谱是否相似。

（6）当检测出异常信号时，必要时可使用工具把传感器绑置于盆式绝缘子处进行长时间检测。时间至少长于15min，可通过分析峰值监测图谱、放电重复率图谱等局放图谱来进行判断。

第五节　案　例　分　析

一、案例名称

某500kV变电站GIS设备带电检测1号主变220kV侧A相乙刀闸特高频局部放电异常案例分析。

二、案例背景

2015年8月1日至12日，某公司在对国网某500kV变电站220kV GIS开展特高频局部放电带电检测，检测中发现1号主变220kV侧8671间隔A相乙刀闸线路侧绝缘盆和A相乙刀闸TA侧绝缘盆处均存在特高频局部放电信号，且人耳能听到明显内部放电声响。

三、检测过程及分析

（一）检测对象及项目

检测对象及项目见表1-3。

表1-3　　　　　　　　　　检测对象及项目

检 测 对 象	220kV GIS 1号主变220kV侧8671间隔
生产厂家	某高压开关有限公司
检测项目	特高频局部放电检测

（二）检测仪器及装置

特高频局部放电检测仪DMS/PDMG-P。

（三）检测数据

1. 检测点位置分布

特高频局部放电检测中，在1号主变220kV侧8671间隔A相选取了8个测试点，如图1-6测点位置分布示意图所示。但由于测点8与测点7的浇筑口正好在伸缩节螺栓处，因此无法检测，A相共取6个检测点。

图 1-6　测点位置分布示意图

2. 检测数据及图谱表

检测数据见表 1-4，图谱表见表 1-5。

表 1-4　　　　　　　　　检　测　数　据

变电站名称	某 500kV 变电站	检测单位	某某供电公司
检测日期	2015.08.04	检测人员	某某
调度号	1 号主变 220kV 侧 8671 间隔 A 相	设备类别	GIS 组合电器
设备厂家	某公司	设备型号	ZF16-252（L）
仪器名称	特高频局部放电检测仪	仪器型号	DMS，PDMG-P
温度	25℃	湿度	65%

表 1-5　　　　　　　　　图　谱　表

序号	检测位置	图　谱　文　件	备注
1	背景噪声	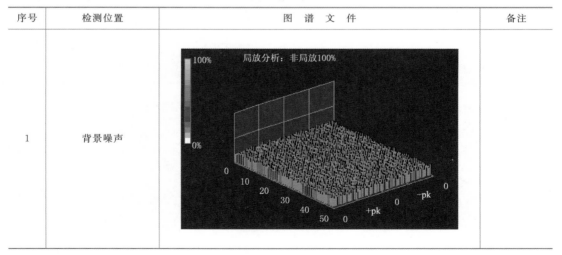	

序号	检测位置	图　谱　文　件	备注
2	测点 1 （主变进线套 管 A 相绝缘盆）		
3	测点 2 （8671617 接地刀闸 线路侧 A 相绝缘盆）		
4	测点 3 （乙刀闸线路侧 A 相绝缘盆）		

序号	检测位置	图 谱 文 件	备注
5	测点 4 （乙刀闸 TA 侧 A 相绝缘盆）	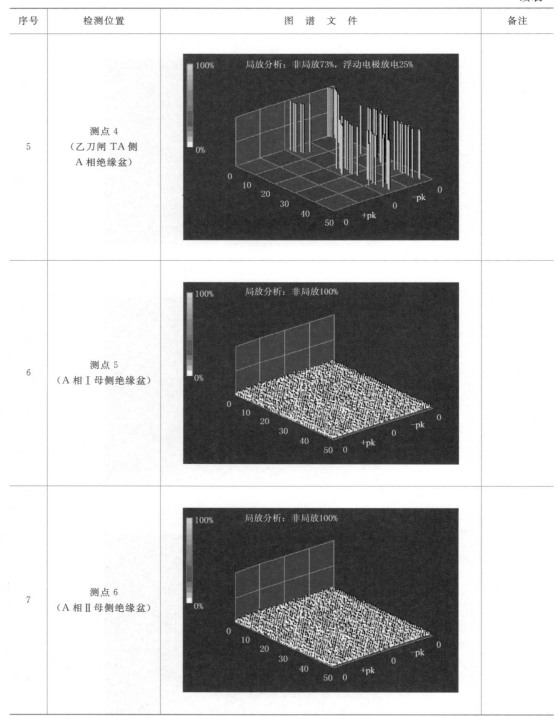	
6	测点 5 （A 相Ⅰ母侧绝缘盆）		
7	测点 6 （A 相Ⅱ母侧绝缘盆）		

乙刀闸线路侧绝缘盆（测点 3）A 相 PRPD 图测试结果如图 1-7 所示。

3. 缺陷类型判断

结合以上数据可知，1 号主变 220kV 侧 8671 间隔 A 相乙刀闸线路侧绝缘盆，A 相乙刀闸 TA 侧绝缘盆处存在特高频局部放电信号，幅值较大，且能听到明显内部放电声响。放电信号在工频相位的正、负半周均有出现，且有一定对称性。PRPS 图谱具有"内八字""外八字"分布特征。发现异常后采取了屏蔽布等方法排除外界干扰或者 GIS 壳体外部放电信号，如图 1-8 所示，最后确定放电信号来自 GIS 设备内部。异常信号初步判断为内部悬浮放电。

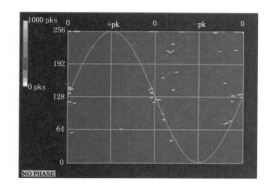

图 1-7　A 相 PRPD 图测试结果　　　　　图 1-8　采用屏蔽布排除外部干扰

4. 缺陷定位

根据图 1-9 中列出的测点 3 乙刀闸线路侧绝缘盆 A、B、C 三相 PRPS 图结果可以看出，在同一个参考相位下，三相放电信号相位不同，可以说明 A、B、C 三相的放电源不是同一个放电源。

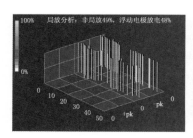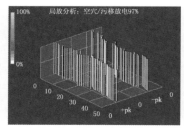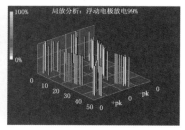

（a）A 相测点 3 图谱　　　　（b）B 相测点 3 图谱　　　　（c）C 相测点 3 图谱

图 1-9　A、B、C 相测点 3 PRPS 对比图谱

根据表 1-5 中列出的测点 1、测点 2、测点 3、测点 4、测点 5、测点 6 的 PRPS 图中的幅值大小，可以判断在 A 相各个测点中，放电信号最强的点位于测点 3 和测点 4 的乙刀闸附近，并且人耳贴近筒壁可以听到明显的放电声响。

5. 结论及建议

500kV 变电站 220kV GIS 设备区 1 号主变 220kV 侧 8671 间隔乙刀闸线路侧 A 相绝缘盆，乙刀闸 TA 侧 A 相绝缘盆处存在特高频局部放电信号，幅值较大，且能听到明显内部放电声响。综合分析认为：乙刀闸内部屏蔽罩等元器件松动或刀闸合闸不到位导致接触不良引发内部悬浮放电，由于该间隔相同位置 A、B、C 相均存在相似信号，乙刀闸合闸不到位可能性大。

鉴于该间隔为主变间隔，负载电流大，如果刀闸合闸不到位，在大负荷情况下可能引发内部发热，同时考虑局部放电信号幅值比较大，建议停电处理或在此期间加强监测，定期进行分解产物和红外测温检测，发现异常立即停电。

超声波局部放电检测

第一节 检 测 原 理

电力设备内部产生局部放电信号的时候，会产生冲击的振动及声音。超声波法通过在设备腔体外壁上安装超声波传感器来测量局部放电信号。该方法的特点是传感器与电力设备的电气回路无任何联系，不受电气方面的干扰，但在现场使用时易受周围环境噪声或设备机械振动的影响。由于超声信号在电力设备常用绝缘材料中的衰减较大，因此超声波检测法的检测范围有限，但具有定位准确度高的优点。

当发生局部放电时，在放电的区域中，分子间产生剧烈的撞击，这种撞击在宏观上表现为一种压力。由于局部放电是一连串的脉冲形式，所以由此产生的压力波也是脉冲形式的，即产生了超声波。它含有各种频率分量，频带很宽，为 $10^1 \sim 10^7$ Hz 数量级范围。声音频率超过 20kHz 范围的称为超声波。由于局部放电区域很小，局放源通常可看成点声源。超声波局部放电检测的基本原理示意图见图 2-1。

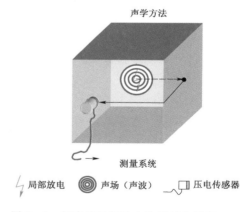

图 2-1 超声波局部放电检测基本原理

声波在气体和液体中传播的是纵波，纵波主要是靠振动方向平行于波传播方向上的分子撞击传递压力。而声波在固体中传播的，除了纵波之外还有横波。发生横波时，质点的振动方向垂直于波的传播方向，这需要质点间有足够的引力，质点振动才能带动邻近的质点跟着振动，所以只有在固体或浓度很大的液体中才会出现横波。当纵波通过气体或液体传播到达金属外壳时，将会出现横波，在金属体中继续传播，声波的传播路径如图 2-2 所示。

不同类型、不同频率的声波，在不同的温度下，通过不同媒质时的速率不同。纵波要比横波快约 1 倍，频率越高传播速度越快，在矿物油中声波传播速度随温度的升高而下降。在气体中声波传播速率在 130~1300m/s 范围内，在固体中声波传播速度要快得多。表 2-1 列出了纵波在 20℃时几种媒质中的传播速度。

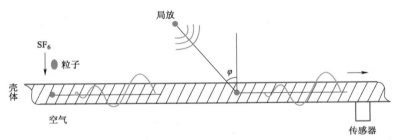

图 2-2　声波的传播路径

表 2-1　　　　　　　　　　　　　　纵波 20℃ 时的传播速度　　　　　　　　　　　　　　单位：m/s

媒　质	速　度	媒　质	速　度	媒　质	速　度
空气	330	油纸	1420	铝	6400
SF$_6$	140	聚四氟乙烯	1350	钢	6000
矿物油	1400	聚乙烯	2000	铜	4700
水	1483	有机玻璃	2640～2820	铅	2170
瓷料	5600～6200	聚苯乙烯	2320	铸铁	3500～5600
天然橡胶	1546	环氧树脂	2400～2900	不锈钢	5660～7390

　　声波的强弱，可以用声压幅值和声波强度等参数来表示。声压是单位面积上所受的压力；声强是单位时间内通过与波的传播方向垂直的单位面积上的能量。声强与声压的平方成正比，与声阻抗成反比。

　　声波在媒质中传播会产生衰减，造成衰减的原因有很多，如波的扩散、反射和热传导等。在气体和液体中，波的扩散是衰减的主要原因；在固体中，分子的撞击把声能转变为热能散失是衰减的主要原因。理论上，若媒介本身是均匀无损耗的，则声压与声源的距离成反比，声强与声源的距离的平方成反比。声波在复合媒质中传播时，在不同媒质的界面上，会产生反射，使穿透过的声波变弱。当声波从一种媒质传播到与声特性阻抗不匹配的另一种媒质时，会有很大的界面衰减。两种媒质的声特性阻抗相差越大，造成的衰减就越大。声波在传播中的衰减，还与声波的频率有关，频率越高衰减越大。在空气中声波的衰减约正比于频率的 2 次方和 1 次方的差（即 f^2-f）；在液体中声波的衰减约正比于频率的 2 次方（f^2）；而在固体中声波的衰减约正比于频率（f）。表 2-2 列出了纵波在几种材料中传播时的衰减。

表 2-2　　　　　　　　　　　　　纵波在几种材料中传播时的衰减

材　料	频　率	温度/℃	衰减/(dB/m)
空气	50kHz	20～28	0.98
SF$_6$	40kHz	20～28	26.0
铝	10MHz	25	9.0
钢	10MHz	25	21.5
有机玻璃	2.5MHz	25	250.0
聚苯乙烯	2.5MHz	25	100.0
氯丁橡胶	2.5MHz	25	1000.0

第二节　检测仪器的使用及维护

一、超声波局部放电检测仪的组成

超声波局部放电检测仪主要包括声发射传感器及主机。如图 2-3 两种超声波局部放电检测仪所示，其中声发射传感器用于将局部放电激发的超声波信号转换成电信号，主机用于局部放电电信号的采集、分析、诊断及显示。

图 2-3　两种超声波局部放电检测仪

此外，根据现场检测需要，不同厂商还供应有前置放大器、绝缘支撑杆、耳机等配件。其中：

（1）前置放大器。当被测设备与检测仪之间距离较远（大于 3m）时，为防止信号衰减，需在靠近传感器的位置安装前置放大器。

（2）绝缘支撑杆。当开展电缆终端等设备局放检测时，为保障检测人员安全，需应用绝缘支撑杆将声发射传感器固定在被测设备表面。

（3）耳机。部分超声波检测仪可将超声波信号转换成可听声信号，通过耳机可直观监测设备内部放电情况。

二、超声波局部放电检测仪的使用

（一）准备工作

局部放电检测是一种带电检测，为保障检测过程安全、提高检测质量，应在开展具体工作前提前做好各项准备工作。

1. 检测人员

超声波局部放电检测至少由 2 人同时进行，可分为工作负责人及试验人员。相关人员的职责及数量建议见表 2-3。

表 2-3　　　　　　　　超声波局部放电检测的检测人员及职责

序号	人员类别	职　　责	作业人数
1	工作负责人	1）对工作全面负责，在试验工作中要对作业人员明确分工，保证工作质量； 2）对安全作业方案及试验质量负责，并对试验数据分析出具试验报告； 3）工作前对工作班成员进行危险点告知，交代安全措施和技术措施，并确认每一个工作班成员都已知晓	1
2	试验人员	严格按照试验规程的规定操作试验设备及仪器仪表，进行试验	≥1

2．仪器仪表及工器具

开展超声波局部放电检测前，还应仔细核对仪器仪表及工器具是否满足检测要求。根据常规检测需要，建议包括表2－4所列超声波局部放电检测的仪器仪表及工器具。

表2－4　　　　　　　　　超声波局部放电检测的仪器仪表及工器具

序号	名　称	数量	单位	备　注
1	检测仪主机	1	台	用于局部放电电信号的采集、分析、诊断及显示，如用电池供电，应检查电池电量
2	声发射传感器	1	只	用于将局部放电激发的超声波信号转换成电信号，针对不同被测设备，应核实传感器型号满足测试要求
3	同步线	1	根	用于接入工频电压参考信号，以便获取放电脉冲的相位特征信息
4	耦合剂	1	罐	用于涂抹在声发射传感器上，使声发射传感器与被测设备外壳有效接触，以提高检测灵敏度
5	接地线	1	根	用于仪器外壳的接地，保护检测人员及设备的安全
6	记录纸、笔	1	套	用于记录被测设备信息及检测数据
7	前置放大器	1	只	选配，当被测设备与检测仪之间距离较远（大于3m），为防止信号衰减，需在靠近传感器的位置安装前置放大器
8	绝缘支撑杆	1	根	选配，当开展电缆终端等设备局放检测时，为保障检测人员安全，需应用绝缘支撑杆将声发射传感器固定在被测设备表面
9	耳机	1	只	选配，部分超声波检测仪可将超声波信号转换成可听声信号，通过耳机可直观监测设备内部放电情况
10	磁力吸座或绑带	若干	条	选配，需要长时间监测时，用于将传感器固定在设备外壳上

（二）检测接线

在开展超声波局部放电检测的过程中，应按照所使用的仪器操作说明，连接好仪器主机、传感器等各部件，并通过耦合剂将传感器贴附在设备外壳上。当传感器与检测仪器之间的距离较远（大于3m）时，还应接入前置放大器。具体试验过程中的接线如图2－4超声波局部放电检测仪器接线所示。

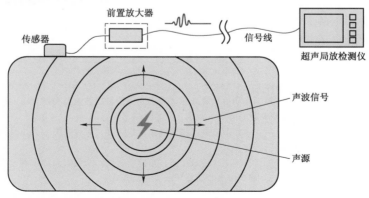

图2－4　超声波局部放电检测仪器接线

接线时，应保证耦合剂洁净、不含杂物。耦合剂的用量应合理，应保证涂抹耦合剂的传感器不需要外力即可固定在设备外壳上。耦合剂涂抹过程及传感器如图2-5所示。

图2-5 声发射传感器的耦合剂的涂抹过程

此外，在对电缆终端等可能带电的设备开展局部放电检测时，还应使用绝缘支撑杆，以便将传感器固定在电缆终端等设备外壳上，使用绝缘支撑杆开展电缆超声波局部放电检测现场图如图2-6所示。

三、超声波局部放电检测仪的维护

（1）仪器要有合格证书、产品说明书和出厂检测报告，附件及备品备件齐全。

（2）检查仪器外观无损伤、表面有无灰尘，存贮环境应满足温度为-10～40℃、湿度不大于90%；存储时应避免接触酸、碱、盐及腐蚀性、爆炸性物质或气体，不能受灰尘雨雪的侵蚀。

（3）仪器存放时，需放置在带有缓冲装置的包装箱内，并防止从高处坠落。

（4）在每次使用前，应仔细检查各类信号线、电源线有无破损，安装与连接是否牢固、可靠。

图2-6 使用绝缘支撑杆开展电缆
超声波局部放电检测现场图

（5）仪器久放不用时，需将可充电电池取出，并按维护手册定期检查、定期检验，确保检测数据准确可靠。

第三节 现 场 检 测

目前常用的局部放电超声检测技术主要包括两种不同的检测理念，分别为相位相关性检测理念和特征指数检测理念。

一、以相位相关性为基础的检测流程

该检测方式下提供有"连续检测模式""相位检测模式""脉冲检测模式"和"时域波形检测模式"四种不同的检测模式。

在开展以"相位相关性"为基础的超声波局部放电检测时，典型检测流程如下：

（1）涂抹耦合剂。为了保证传感器与壳体良好接触，避免在传感器和壳体表面之间产生气泡，首先要在传感器表面涂抹耦合剂。

（2）设置参数。将仪器设置为连续检测模式，设置仪器信号频率范围及放大倍数（常规检测时无须设置，可采用内置参数）。

（3）背景检测（即无缺陷时信号检测）。将传感器经耦合剂贴附在设备构架上，当信号保持稳定时按下"背景"（不同仪器具体按键存在一定差异）按钮。

（4）信号检测。将传感器经耦合剂贴附在设备外壳上，设置仪器为连续检测模式，观察信号有效值（RMS）、周期峰值、频率成分1、频率成分2的大小，并与背景信号比较，看是否有明显变化。

（5）异常诊断。当连续模式检测到异常信号时，应开展局部放电诊断与分析，包括①通过应用相位检测模式、时域波形检测模式及脉冲检测模式判断放电类型；②通过挪动传感器位置，寻找信号最大值，查明可能的放电位置。

（6）数据记录。通过仪器的图谱保存功能，保存检测图谱，包括连续模式图谱、相位模式图谱、时域波形图谱（如有）、脉冲模式图谱（如有）。

以相位相关性为基础的检测流程如图2-7所示。

二、以特征指数为基础的检测流程

该检测方式下提供有"特征指数检测模式"和"时域波形检测模式"两种不同的检测模式。

在开展以"特征指数"为基础的超声波局部放电检测时，典型检测流程如下：

（1）涂抹耦合剂。为了保证传感器与壳体良好接触，避免在传感器和壳体表面之间产生气泡，首先要在传感器表面涂抹耦合剂。

（2）设置参数。将仪器设置为连续检测模式，设置仪器信号频率范围及放大倍数（也可加载内部预置的配置文件）。

（3）特征指数检测。将传感器经耦合剂贴附在设备外壳上，进入"特征指数检测模式"，观察脉冲是否聚集在整数特征值位置。

（4）时域波形检测。当完成"特征指数检测"过程之后，可进入"时域波形检测模式"查看信号的时域波形是否具有明显的高脉冲信号，并判断脉冲信号是否存在重复性。最终综合各检测模式下的图谱特征，判断被测设备内部是否存在放电现象，以及潜在的缺陷类型。

（5）记录数据。通过仪器的图谱保存功能，保存检测图谱，包括特征指数图谱和时域波形图谱。

以"特征指数检测"为基础的超声波局部放电检测法的操作流程如图2-8所示。

三、超声波局部放电检测的注意事项

（一）安全措施

局部放电检测过程中应加强安全防护，重点做好如下工作：

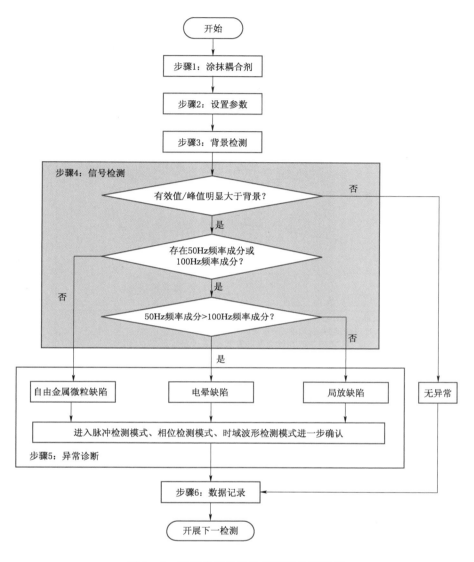

图 2-7　以相位相关性为基础的检测流程

（1）强电场下工作时，应给仪器外壳加装接地线，防止检测人员应用传感器接触设备外壳时产生感应电。

（2）登高作业时，应正确使用安全带，防止低挂高用。安全带应在有效期内。

（3）在设备耐压过程中，严禁人员靠近被试设备开展超声波局部放电检测，防止设备击穿造成人身伤害。

（4）在对电缆终端等设备进行检测时，应使用绝缘支撑杆，严禁检测人员手持传感器直接接触被测设备。

（二）抗干扰措施

（1）检测之前，应加强背景检测，背景测量位置应尽量选择被测设备附近金属构架。

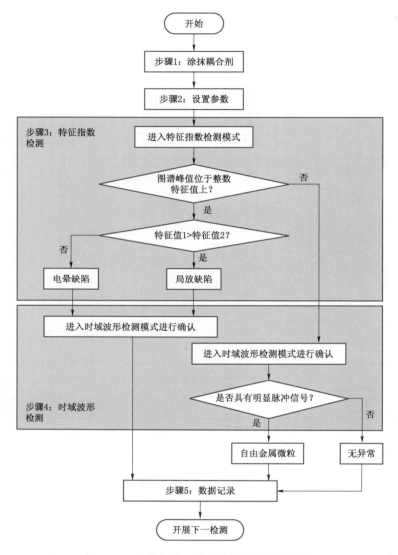

图 2-8 以特征指数检测为基础的检测流程

（2）检测过程中，应避免敲打被测设备，防止外界振动信号对检测结果造成影响。

（三）提高检测效率及质量措施

（1）应使用合格的耦合剂，可采用工业凡士林等，耦合剂应保持洁净，不含固体杂质。

（2）检测过程中，耦合剂用量用适中，应保证涂抹耦合剂的传感器不需要外力即可固定在设备外壳上。

（3）在条件具备时，可使用耳机监听被测设备内部放电现象。

（4）由于超声波衰减较快，因此在开展超声波局部放电检测时，两个检测点之间的距离不应大于 1m。以对 GIS 检测为例，检测过程中应包含所有气室，GIS 超声波局放检测典型测点如图 2-9 所示。

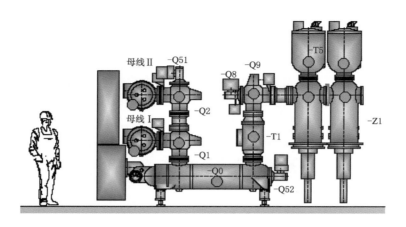

图 2-9 GIS 超声波局放检测典型测点

（5）进行超声波局部放电检测时，应重点检测设备安装部位两端，以便检测安装过程中产生的潜在缺陷。

第四节 故障分析与诊断

一、电力设备缺陷分类

超声波局部放电检测技术主要应用于组合电器、电缆终端（中间接头）、变压器等设备。根据设备缺陷的不同，超声波局部放电检测技术在进行缺陷分析与诊断时，将设备缺陷分为局放缺陷、电晕缺陷和自由金属微粒缺陷[1]。

（一）局放缺陷

该类缺陷主要由设备内部部件松动引起的悬浮电极（既不接地又不接高压的金属材料）、绝缘内部气隙、绝缘表面污秽等引起的设备内部非贯穿性放电现象，该类缺陷与工频电场具有明显的相关性，是引起设备绝缘击穿的主要威胁，应重点进行检测。

（二）电晕缺陷

该类缺陷主要由设备内部导体毛刺、外壳毛刺等引起，主要表现为导体对周围介质（如 SF_6）的一种单极放电现象，该类缺陷对设备的危害较小，但在过电压作用下仍旧会存在设备击穿隐患，应根据信号幅值大小予以关注。

（三）自由金属微粒缺陷

该类缺陷主要存在于 GIS 中，主要由设备安装过程或开关动作过程产生的金属碎屑而引起。随着设备内部电场的周期性变化，该类金属微粒表现为随机性移动或跳动现象，当微粒在高压导体和低压外壳之间跳动幅度加大时，则存在设备击穿危险，应予以重视。

---

[1] 在部分文献中，自由金属微粒缺陷、电晕缺陷同样归类为局放缺陷，考虑到此类缺陷产生的放电信号特征与悬浮电极、绝缘气隙等缺陷存在较明显差异，因此，本文进行区别对待。

二、缺陷判据

电力设备中，不同缺陷引起的放电现象存在明显差异，主要表现在信号幅值、脉冲上升沿、脉冲发生相位以及周期重复性等。在开展超声波局部放电检测时，检测人员可重点根据连续检测模式、相位检测模式、脉冲检测模式、时域波形检测模式以及特征指数检测模式的图谱特征判断被测设备是否存在绝缘缺陷以及绝缘缺陷类型。

在连续检测模式下，当检测到峰值或有效值较大，而50Hz频率成分和100Hz频率成分不大时，可初步判断待测设备中存在自由微粒缺陷，此时可使用脉冲检测模式进行确认。

当检测到峰值或有效值较大，且存在50Hz频率成分或100Hz频率成分时，可初步判断被测设备中存在电晕缺陷或局放缺陷。

超声波局部放电检测缺陷判据见表2-5。

表2-5　　　　　　　　　　　　超声波局部放电检测缺陷判据

参　数		局　放　缺　陷	电　晕　缺　陷	自由颗粒缺陷
连续检测模式	有效值	高	较高	高
	周期峰值	高	较高	高
	50Hz频率相关性	低	有	有
	100Hz频率相关性	低	低	有
相位检测模式		有规律，一周波两簇信号，且幅值相当	有规律，一周波一簇大信号，一簇小信号	无规律
时域波形检测模式		有规律，存在周期性脉冲信号	有规律，存在周期性脉冲信号	有一定规律，存在周期不等的脉冲信号
脉冲检测模式		无规律	无规律	有规律，三角驼峰形状
特征指数检测模式		有规律，波峰位于整数特征值处，且特征指数1大于特征指数2	有规律，波峰位于整数特征值处，且特征指数2大于特征指数1	无规律，波峰位于整数特征值处，且特征指数2大于特征指数1

三、典型缺陷图谱分析与诊断

（一）背景噪声

在开展超声波局部放电检测时，应先测量背景信号。通常背景信号由频率均匀分布的白噪声构成，背景噪声典型图谱及特征见表2-6。

（二）局放缺陷

当被测设备存在绝缘缺陷时，在高压电场作用下会产生局部放电信号。局部放电信号的产生与施加在其两端的电压幅值具有明显关联性，在放电图谱中则表现出典型的50Hz相关性及100Hz相关性，即存在明显的相位聚集效应，且100Hz相关性大于50Hz相关性。此外，在特征指数检测模式下，放电次数累积图谱波峰位于整数特征值处，且特征值1大于特征值2。

局放缺陷典型图谱及特征见表2-7。

表 2 - 6   背景噪声典型图谱及特征

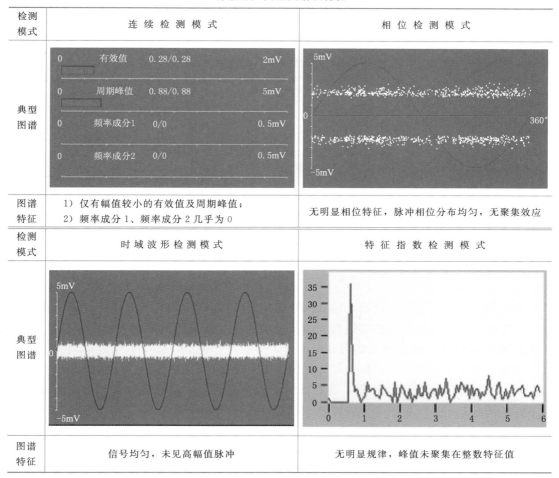

检测模式	连续检测模式	相位检测模式
典型图谱	有效值 0.28/0.28 (2mV) 周期峰值 0.88/0.88 (5mV) 频率成分1 0/0 (0.5mV) 频率成分2 0/0 (0.5mV)	
图谱特征	1) 仅有幅值较小的有效值及周期峰值； 2) 频率成分1、频率成分2几乎为0	无明显相位特征，脉冲相位分布均匀，无聚集效应
检测模式	时域波形检测模式	特征指数检测模式
典型图谱		
图谱特征	信号均匀，未见高幅值脉冲	无明显规律，峰值未聚集在整数特征值

表 2 - 7   局放缺陷典型图谱及特征

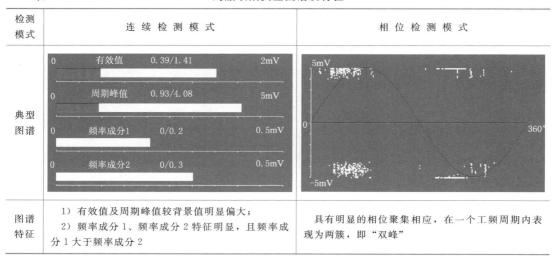

检测模式	连续检测模式	相位检测模式
典型图谱	有效值 0.39/1.41 (2mV) 周期峰值 0.93/4.08 (5mV) 频率成分1 0/0.2 (0.5mV) 频率成分2 0/0.3 (0.5mV)	
图谱特征	1) 有效值及周期峰值较背景值明显偏大； 2) 频率成分1、频率成分2特征明显，且频率成分1大于频率成分2	具有明显的相位聚集相应，在一个工频周期内表现为两簇，即"双峰"

27

续表

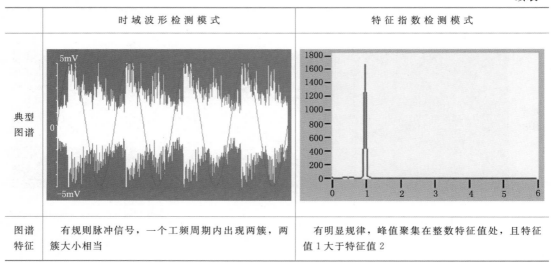

	时域波形检测模式	特征指数检测模式
典型图谱	(波形图)	(图谱)
图谱特征	有规则脉冲信号，一个工频周期内出现两簇，两簇大小相当	有明显规律，峰值聚集在整数特征值处，且特征值1大于特征值2

（三）电晕缺陷

当被测设备存在金属尖刺时，在高压电场作用下会产生电晕放电信号。电晕放电信号的产生与施加在其两端的电压幅值具有明显关联性，在放电图谱中则表现出典型的50Hz相关性及100Hz相关性，即存在明显的相位聚集效应。但是，由于电晕放电具有较明显极化效应，其正、负半周内的放电起始电压存在一定差异，因此电晕放电的50Hz相关性往往较100Hz相关性要大。此外，在特征指数检测模式下，放电次数累积图谱波峰位于整数特征值处，且特征值1大于特征值2。

电晕缺陷典型图谱及特征见表2-8。

表2-8　　　　　　　　　　　　　电晕缺陷典型图谱及特征

检测模式	连续检测模式	相位检测模式
典型图谱	有效值　　0.34/0.65　　2mV 周期峰值　0.88/1.42　　5mV 频率成分1　0/0.17　　0.5mV 频率成分2　0/0.13　　0.5mV	(相位图谱)
图谱特征	1）有效值及周期峰值较背景值明显偏大； 2）频率成分1、频率成分2特征明显，且频率成分1大于频率成分2	具有明显的相位聚集相应，但在一个工频周期内表现为一簇，即"单峰"

28

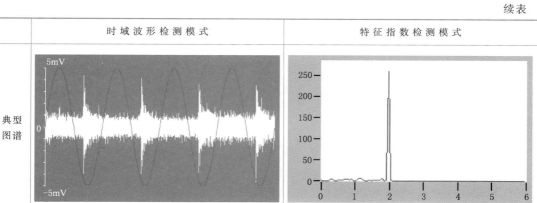

	时域波形检测模式	特征指数检测模式
典型图谱		
图谱特征	有规则脉冲信号，一个工频周期内出现一簇（或一簇幅值明显较大，一簇明显较小）	有明显规律，峰值聚集在整数特征值处，且特征值 2 大于特征值 1

（四）自由金属微粒缺陷

当被测设备内部存在自由金属微粒缺陷时，在高压电场作用下，金属微粒因携带电荷会受到电动力的作用，当电动力大于重力时，金属微粒即会在设备内部移动或跳动。但是，与局放缺陷、电晕缺陷不同，自由金属微粒产生的超声波信号主要由运动过程中金属微粒与设备外壳的碰撞引起，而与放电关联较小。由于金属微粒与外壳的碰撞取决于金属微粒的跳跃高度，其碰撞时间具有一定随机性，因此在开展超声波局部放电检测时，该类缺陷的相位特征不是很明显，即 50Hz、100Hz 频率成分较小。但是，由于自由金属微粒通过直接碰撞产生超声波信号，因此其信号有效值及周期峰值往往较大。

此外，在时域波形检测模式下，检测图谱中可见明显脉冲信号，但信号的周期性不明显。

自由金属微粒缺陷典型图谱及特征见表 2-9。

表 2-9 　　　　　　　　　自由金属微粒缺陷典型图谱及特征

检测模式	连续检测模式	相位检测模式
典型图谱		
图谱特征	1）有效值及周期峰值较背景值明显偏大； 2）频率成分 1、频率成分 2 特征不明显	无明显的相位聚集相应，但可发现脉冲幅值较大

续表

时域波形检测模式	特征指数检测模式
典型图谱 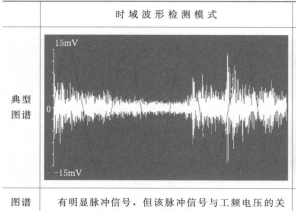	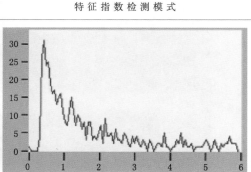
图谱特征 有明显脉冲信号，但该脉冲信号与工频电压的关联性小，其出现具有一定随机性	无明显规律，峰值未聚集在整数特征值

然而，虽然自由金属微粒缺陷无明显相位聚集效应。但是，当统计自由金属微粒与设备外壳的碰撞次数与时间的关系时，却可发现明显的图谱特征。该图谱定义为"飞行图"，通过部分超声波局部放电检测仪提供的"脉冲检测模式"即可观察自由金属微粒与外壳碰撞的"飞行图"，进而判断设备内部是否存在自由金属微粒缺陷。

自由金属微粒飞行过程中激发的声波信号如图 2-10 所示。

从图 2-10 可以看出，在微粒的飞起过程中，其与电极会不断碰撞，每碰撞一次时，超声波局部放电检测仪即可检测到一次脉冲信号，定义在 t_i 时刻产生的脉冲幅值为 q_i，则定义飞行模式为 $(t_{i+1}-t_i, q_i)$，$i=1,2,\cdots,n$。飞行图谱的横轴为 t_{i+1} 和 t_i 时刻两次放电时间间隔，纵轴为 t_i 的放电幅值。图 2-11 所示是自由金属微粒缺陷的超声波检测飞行图。

从图 2-11 可以发现，自由金属微粒缺陷的超声波检测飞行图特征明显，具有典型的"三角驼峰"形状。

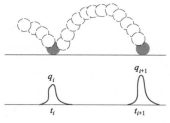

图 2-10　微粒飞起过程中激发的声波信号

本节详细介绍了超声波局部放电检测过程中，不同缺陷在连续检测模式、相位检测模式、时域波形检测模式下的典型图谱，分析和论述了不同图谱的特征及其差异，形成了不同缺陷的诊断、识别方法。

（1）局部缺陷。该类缺陷的典型图谱具有如下特征：①连续检测模式下，其信号有效值、周期峰值较大，存在明显的 50Hz 频率成分和 100Hz 频率成分，且 100Hz 频率成分大于 50Hz 频率成分；②相位检测模式下，其信号具有明显的相位聚集效应，在一个工频周期内表现为两簇，即具有"双峰"特征；③时域波形检测模式下，其信号表现为规则的脉冲信号，一个工频周期内出现两簇，两簇大小相

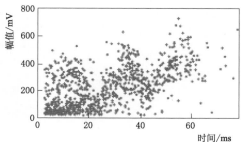

图 2-11　自由金属微粒缺陷的超声波检测飞行图

当；④特征指数检测模式下，放电次数累积图谱波峰位于整数特征值处，且特征值 1 大于特征值 2。

（2）电晕缺陷。该类缺陷的典型图谱具有如下特征：①连续检测模式下，其信号有效值、周期峰值较大，存在明显的 50Hz 频率成分和 100Hz 频率成分，且 50Hz 频率成分大于 100Hz 频率成分；②相位检测模式下，其信号具有明显的相位聚集效应，在一个工频周期内表现为一簇，即具有"单峰"特征；③时域波形检测模式下，其信号表现为规则的脉冲信号，一个工频周期内出现一簇，一簇幅值明显较大，一簇明显较小；④特征指数检测模式下，放电次数累积图谱波峰位于整数特征值处，且特征值 2 大于特征值 1。

（3）自由金属微粒缺陷，该类缺陷的典型图谱具有如下特征：①连续检测模式下，其信号有效值、周期峰值较大，但 50Hz 频率成分和 100Hz 频率成分不明显；②相位检测模式下，其信号没有明显的相位聚集效应，在一个工频周期内类似均匀分布；③时域波形检测模式下，其信号具有明显的高脉冲，但该脉冲信号与工频电压的关联性小，其出现具有一定随机性；④特征指数检测模式下，放电次数累积图谱无明显规律，峰值未聚集在整数特征值；⑤脉冲检测模式下，其信号表现出明显的"三角驼峰"形状。

第五节　案　例　分　析

一、案例背景

2017 年 6 月，在对某变电站 500kV GIS 设备进行超声波局部放电检测中发现 I 母与 50311 刀闸连接气室 C 相直角弯处存在明显超声波放电信号，信号不具备 50Hz 和 100Hz 相位相关性；判断该气室内部疑似存在金属颗粒放电缺陷，问题气室外观如图 2-12 所示。

2017 年 8 月，对该缺陷进行了复测确认，复测结果显示，该处超声波信号依然存在，并且信号幅值较大；此外未检测到特高频信号，判断该缺陷为自由颗粒缺陷。

二、检测过程

（1）根据早期检测定位结果布置复测点。超声测点布置于气室底部位置，特高频探头布置于靠近气室盆式绝缘子浇注孔，测点示意如图 2-13 所示。

图 2-12　问题气室外观　　　　　　　　　　图 2-13　测点示意

利用示波器对超声和特高频信号同时进行检测，示波器检测图谱如图 2-14 所示。图中特高频信号为外部干扰，从超声信号特征可看出，其没有明显的 50Hz 和 100Hz 相关性，具有自由颗粒特征。

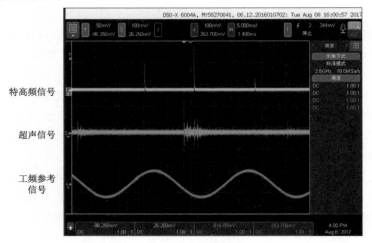

图 2-14　示波器检测图谱

（2）使用另一种超声波局部放电检测仪对超声数据进行了全面测量，测量结果分别如图 2-15 所示。从这些图中可以得出以下结论：

1）信号幅值较大，最大约 400mV（时域波形采集到信号最大为 400mV）。

2）没有明显的 50Hz 和 100Hz 相关性。

3）信号幅值和相位具有分散型。

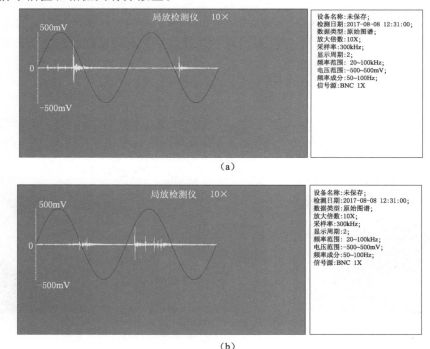

图 2-15（一）　超声波检测图谱

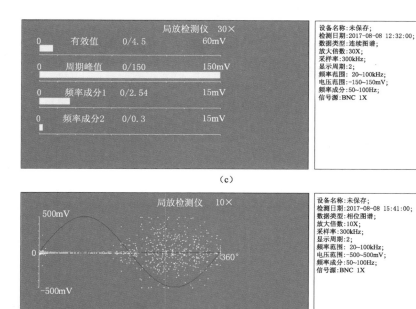

（c）

（d）

图 2-15（二）　超声波检测图谱

（3）GIS 设备常见的缺陷特征见表 2-10。

表 2-10　　　　　　　　　　　GIS 设备常见的缺陷特征

缺陷类型		自由颗粒放电	电晕放电	悬浮放电	振动
信号水平		高	低	高	高
超声波局部放电检测	峰值/有效值	高	低	高	高
	50Hz 频率相关性	无	高	低	无
	100Hz 频率相关性	无	低	高	无
	相位关系	无	有	有	无

三、综合分析

（一）缺陷类型分析

（1）根据超声连续图谱、波形图谱和飞行图谱可以看出：异常信号幅值明显，信号峰值最高达到 400mV；时域波形具有随机性，50Hz 和 100Hz 相关性不明显；判断该缺陷类型为自由颗粒放电，与初测结论相同。

（2）根据定位结果，可判断缺陷位于 500kV Ⅰ 母与 50311 刀闸连接气室 C 相直角弯球体底面圆心处，500kV Ⅰ 母与 50311 刀闸连接气室 C 相直角弯处内部结构如图 2-16 所示，该处恰好是母线气室拐角的最低点。

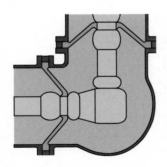

图 2-16 直角弯处内部结构示意图

（二）缺陷原因分析

综合分析结果，判断 500kV Ⅰ 母与 50311 刀闸连接气室 C 相直角弯存在自由颗粒放电，具体成因是金属颗粒聚集在直角弯的低洼处，在电场作用下跳动，产生放电，并撞击 GIS 壳体，产生超声波信号。

四、诊断结果

复测结论与初测相同：判断 500kV Ⅰ 母与 50311 刀闸连接气室 C 相直角弯存在自由颗粒放电。

五、处理措施与建议

由于信号幅值较大，建议密切跟踪信号发展，尽快进行解体处理。

暂态地电压检测

第一节 检 测 原 理

暂态地电压法本质上属于外部电容法局部放电检测技术的范畴。

暂态地电压传感器的原理电路如图3-1所示。

暂态地电压传感器本质上是一个金属盘，前面覆盖有PVC塑料，并用同轴屏蔽电缆引出。PVC塑料的作用一是充当绝缘材料，二是对传感器起到保护和支撑作用。测量时，暂态地电压传感器抵触在开关柜金属柜体上面，裸露的金属柜体可看作平板电容器的一个极板，而暂态地电压传感器则可看作平板电容器的另一个极板，中间的填充物则为PVC塑料。

对于由金属柜体、PVC材料和暂态地电压传感器构成的平板电容器来说，金属柜体表面出现的任何电荷变化均会在暂态地电压传感器的金属盘上感应出同样数量的电荷变化，并形成一定的高频感应电流。

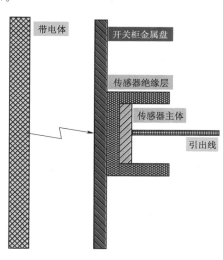

图3-1　暂态地电压传感器原理示意图

该高频电流经引出线输入到检测设备内部并经检测阻抗转换为与放电强度成正比的高频电压信号。经检测设备处理后，则可得到开关柜局部放电的放电强度、重复率等特征参数。

众所周知，耦合电容器的电压—电流关系为

$$i_{PD} = C \frac{\mathrm{d}u_{tev}}{\mathrm{d}t} \qquad (3-1)$$

式中　i_{PD}——暂态地电压传感器输出的电流信号；

　　　u_{tev}——测量点处的暂态地电压信号；

　　　C——用电容量表征的暂态地电压传感器设计参数。

式（3-1）表示的高频电流信号在检测设备内部被检测阻抗变换为电压信号。

$$u_m = RC \frac{\mathrm{d}u_{tev}}{\mathrm{d}t} \qquad\qquad (3-2)$$

根据式（3-2），可以得出如下推论：

（1）暂态地电压检测设备的测量结果与暂态地电压传感器的设计参数密切相关。如果不采取补偿措施，不同的传感器设计参数可能会得到不同的检测结果。

（2）暂态地电压检测设备的测量结果与暂态地电压信号的频谱特性密切相关。换句话说，暂态地电压检测设备的测量结果与具体的放电类型有关。即便对于同种强度程度的放电，暂态地电压检测设备可能会给出不同的检测结果。严重偏离检测设备设计频带范围的放电类型，暂态地电压法存在失效的可能性。

（3）暂态地电压法的测量结果还与检测设备内部的检测阻抗参数有关。

注意：暂态地电压传感器不属于一种严格意义上的耦合电容器，其暂态特性更接近近场天线，会不可避免地受到边沿效应、涡流效应和邻近效应的影响。因此，按照稳态特性得出的理论计算结果往往与检测设备的实际输出存在一定程度误差。

第二节　检测仪器的使用及维护

一、暂态地电压局放检测仪器的组成

暂态地电压局部放电检测仪器一般由传感器、数据采集单元、数据处理单元、显示单元、人机接口和电源管理单元等组成。传感器完成暂态地电压信号至电信号的转换；数据采集单元将电信号进一步转换成数字信号，供数据处理单元使用；数据处理单元完成信号分析和仪器控制管理；显示单元、人机接口完成人机交互；电源管理单元负责设备供电。暂态地电压局部放电检测系统构成如图3-2所示。

二、暂态地电压局部放电检测仪器的使用

（一）检测仪器要求

1. 巡检型专项功能

巡检型检测仪的专项功能如下：

（1）能够实现暂态地电压局部放电的测量，并显示 TEV 信号强度。

（2）具备报警阈值设置功能及告警功能。

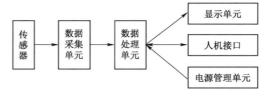

图3-2　暂态地电压局部放电检测系统构成

（3）应采用充电电池供电，充满电单次持续工作时间不低于 4h，充电时仪器仍可正常使用。

（4）应携带方便、操作便捷，并适用于单人独立或两人配合开展检测工作；巡检型仪器主机重量不应超过 3kg。

2. 诊断型专项功能

诊断型检测仪的专项功能如下：

（1）应具有仪器自检功能和数据存储、测试信息管理功能。

（2）宜具有定位功能。

（3）宜具有图谱显示功能，显示脉冲信号在工频 0°～360°相位的分布情况，具有参考相位测量功能。

（4）同时检测通道数应不少于 2 个。

（5）诊断型检测仪每个检测通道配备的同轴电缆长度宜不小于 3m。

（二）性能要求

1. 频带

暂态地电压传感器检测频带应在 3～100MHz 范围内，检测频带（上、下限截止频率之间）应不小于 20MHz。

2. 线性度误差

暂态地电压部放电带电检测仪应能有效反映局部放电强度的变化，线性度误差不应大于±20%。

3. 稳定性

巡检型及诊断型暂态地电压局部放电带电检测仪在信号发生器输出 0～5V 范围内仪器各项功能正常，连续工作 4h 后，其主机检测信号幅值的变化应不超过±5%。

4. 脉冲计数

暂态地电压局部放电带电检测仪应能准确记录放电重复率，脉冲计数误差不应大于±10%。

5. 定位功能

对于诊断型暂态地电压局部放电带电检测仪宜具有信号源定位功能，有效定位范围不应大于 60cm。

三、暂态地电压局部放电检测仪器的维护

（1）仪器要有合格证书、产品说明书、出厂检测报告，附件和备品备件齐全。

（2）检查仪器外观无损伤、表面有无灰尘，存贮应在环境温度为 －40～60℃、湿度不大于 85% 的库房内，室内无酸、碱、盐及腐蚀性、爆炸性气体，不受灰尘雨雪的侵蚀。

（3）检查各类信号线、电源线的安装与连接是否牢固、可靠。

（4）对巡检型检测仪要及时充电，充满电单次持续工作时间应不低于 4h。

（5）要定期检查仪器各项功能是否正常，并按照仪器检验周期进行定期检验，确保仪器检测数据准确可靠。

第三节　现　场　检　测

一、操作流程

高压开关柜的局部放电检测在开关柜的结构和频谱特性方面与其他电力设备存在明显区别。首先，放电部件封闭于金属壳体内，检测设备的传感器难以深入开关设备内部，因

此检测过程难以排除环境电磁噪声的影响。其次，开关柜及其部件主要采用空气绝缘或环氧树脂固体绝缘，绝缘强度较弱，电磁放电的频谱较低，基本上与环境电磁噪声的频带重合。因此，高压开关柜的暂态地电压检测必须遵循一定的程序（图 3-3），才能得出准确的结论。

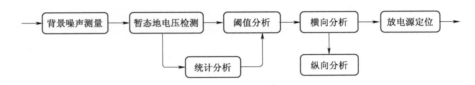

图 3-3　开关柜局部放电现场检测的基本流程

（1）暂态地电压检测之前，必须采取措施首先检测现场的背景噪声并做好记录。然后，开始按照正常程序检测开关柜的暂态地电压数据，并按照一定的阈值准则综合背景噪声和实测数据，评估开关柜的实际局部放电数据。

注意：阈值准则一般情况下仅能给出开关柜是否存在局部放电的信息，而放电程度的表征是很不严格的，但这种分析方法却比较直接和快捷。另外，也应当考虑背景噪声的波动特性，每隔一段时间就应当复测背景噪声，以保证背景噪声的时效性。

（2）在简单阈值分析无法给出正确的放电信息时，特别是放电程度相对偏弱时，还可以利用横向分析技术实现对单台或多台开关柜局部放电活动的判断。

（3）与阈值分析和横向分析技术相比，统计分析则可以从宏观角度分析和发现开关柜局部放电状态的发展演化，既能帮助企业制订正确的检修策略，也能为阈值分析提供更加符合企业自身实际的判断准则。纵向分析则是通过特定开关柜局部放电检测数据的发展变化，帮助运维人员发现配电设备存在的潜伏性缺陷。

（4）对于检测结果判断为异常的开关柜，需要进一步采用局部放电定位技术对检测结果进行排查、确认。

二、暂态地电压局部放电检测的测试方法及注意事项

（一）工作条件要求

（1）开关柜金属外壳应清洁并可靠接地。

（2）应尽量避免干扰源（如气体放电灯、排风系统电机）等带来的影响。

（3）进行室外检测应避免天气条件对检测的影响。

（4）雷电时禁止进行检测。

（二）推荐检测周期

（1）新投运和解体检修后的设备，应在投运后一个月内进行一次运行电压下的检测，记录开关柜每一面的测试数据并作为初始数据，以后测试中作为参考。

（2）暂态地电压检测至少一年一次。

（3）对存在异常的开关柜设备，在该异常不能完全判定时，可根据开关柜设备的运行工况缩短检测周期。

（三）测试位置及要点

对于高压开关柜设备，在每面开关柜的前面、后面均应设置测试点，具备条件时，在侧面设置测试点，暂态地电压参考检测位置如图 3-4 所示。

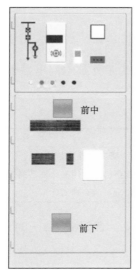

图 3-4　暂态地电压参考检测位置示意图

一般按照前面、后面、侧面进行选择布点，前面选 2 点，后面、侧面选 3 点，后面、侧面的选点应根据设备安装布置的情况确定。如存在异常信号，则应在该开关柜进行多次、多点检测，查找信号最大点的位置。应尽可能保持每次测试点的位置一致，以便于进行比较分析。

测试并记录环境（空气和金属）中的背景值。一般情况下，测试金属背景值时可选择开关室内远离开关柜的金属门窗；测试空气背景时，可在开关室内远离开关柜的位置，放置一块 20cm×20cm 的金属板，将传感器贴紧金属板进行测试。测试过程中应避免信号线、电源线缠绕一起。排除干扰信号，必要时可关闭室内照明灯及通风设备。

（四）暂态地电压的定位方法

在暂态地电压检测结果出现异常时可利用时差法对放电源进行定位，将两只暂态地电压传感器分置于开关柜面板上，并保证间隔距离不小于 0.6m，当某个通道的指示灯点亮时，表明放电源靠近该通道连接的传感器位置。

如果两个通道的指示灯交替点亮，可能存在两种原因：①暂态地电压信号到达两个传感器的时间相差很小，超过了定位仪器的分辨率；②两个传感器与放电点的距离大致相等，导致时序鉴别电路难以正常鉴别。解决方法：可略微移动其中一个传感器，使得定位仪器能够分辨出哪个传感器先被触发。

影响放电源定位测试结果的两种情况：①当局部放电源距离测量位置较远时，暂态地电压信号经过较长距离传输后导致波形前沿发生畸变，且因为信号不同频率分量传播的速度存在差异，会造成波形前沿进一步畸变，影响定位仪器判断；②强烈的环境噪声干扰也会导致定位仪器判断不稳定。

第四节　故障分析与诊断

一、背景噪声对暂态地电压局部放电分析的影响

从能量角度来看，开关柜金属柜体的暂态地电压可认为是外部空间电磁干扰与局部放电共同作用的结果。假定符号定义说明见表 3-1。

表 3-1　　　　　　　　　　　符 号 定 义 说 明

符号	定　义
dB_N	金属门等处测量的噪声分贝值，即背景噪声值
dB_{NS}	开关柜实测的暂态地电压分贝值，包含噪声的影响因素，即实测值
dB_S	开关柜局部放电的暂态地电压理论分贝值，即实际值

按照正常的检测程序，可以分别测量得到 dB_N 和 dB_{NS}，通过式（3-3）可以计算得到 dB_S。

$$dB_S = f(dB_{NS} - dB_N) + dB_N \qquad (3-3)$$

其中，$f(*)$ 为非线性函数。

根据式（3-3）并通过实际计算，可以得到如下基本结论：

（1）实际值与实测值存在误差，不能以实测值代替实际值，也不能简单地以实测值减去背景噪声值代替实际值。

（2）实测值与背景噪声值之间的差值越大，则实测值越接近于实际值。

（3）当背景噪声值很小，如不超过 10dB 时，且当实测值与背景噪声值的差值达到 20dB 时，可认为实测值与实际值基本等值。

（4）但是，当背景值很大，如超过 20dB 时，且当实测值与背景噪声值的差值超过 15dB，即可认为实测值与实际值基本等值。

二、局部放电状态的阈值判断

科学的局部放电状态阈值判断准则应考虑本地区开关柜的类型、环境条件、运行年限、负荷状况以及制造水平等具体条件，才能得出符合企业实际的标准。过高的阈值，很容易导致开关柜检修不足。而过低的阈值，又容易导致检修费用和人员需求的大量增加，大幅度降低供电可靠性，引起过度检修问题。

因此，建议各企业在开展暂态地电压检测时，需要开展广泛的、长期的现场检测，累积足够的检测数据，然后通过统计分析和计算，并结合检修资金和人员限制，修订和完善推荐参考值，从而获得适合企业特点的暂态地电压判断阈值。

（一）统计分析技术

统计分析技术主要用于帮助计算局部放电状态的判断阈值，以及帮助电力企业从总体角度了解开关柜资产的绝缘状态和发展态势。

以暂态地电压局部放电检测数据为统计样本，可以计算得到以下的统计结果：

$$\begin{cases} \overline{V}_{tev} = E(V) = \dfrac{1}{N}\sum_{i=1}^{N} V_i \\ \sigma = \sqrt{\dfrac{1}{N}\sum_{i=1}^{N}(V_i - \overline{V}_{tev})^2} \end{cases} \qquad (3-4)$$

式中　$\overline{V}_{tev}$——统计样本的平均水平；

　　　σ——总体样本偏离平均水平的程度。

电力公司根据年度检修资金预算和人员配置的情况，合理选择允许的设备异常概率水平，由 $\overline{V}_{tev}$ 和 σ 可以计算出对应设备异常概率水平的状态判断阈值。

目前国内采用的推荐参考值来源于国外电力企业近 6000 次开关柜局部放电暂态地电压检测数据的统计分析。根据企业需要，电力公司选择与前 10% 样本计算对应的局部放电水平（$A=30\text{dB}$），与前 15% 样本计算对应的局部放电水平（$B=25\text{dB}$），与前 25% 样本计算对应的局部放电水平（$C=20\text{dB}$），作为暂态地电压局部放电检测值 V_{dB} 的状态判断阈值。即

$$V_{dB} < 20 \qquad 正常$$
$$20 \leqslant V_{dB} < 25 \qquad 注意$$
$$25 \leqslant V_{dB} < 30 \qquad 异常$$
$$30 \leqslant V_{dB} \qquad 严重$$

具体统计分析过程可参见图 3-5。

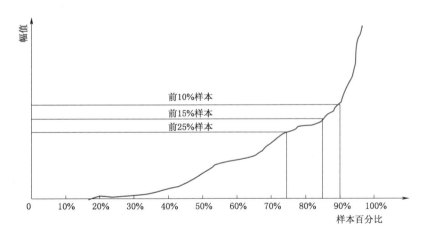

图 3-5　统计分析计算状态判断阈值

（二）阈值比较技术

阈值比较技术通过将开关柜的暂态地电压局部放电检测数据与局部放电状态判断阈值进行比较，可以初步判断开关柜目前的运行状况。

（1）具体的阈值（推荐参考值）比较流程如下：

1）当开关室内背景噪声值在 20dB 以下时，这里开关柜的检测值指的是实测值。

a. 如果开关柜的检测值在 20dB 以下，则表示开关柜正常，按照巡检周期安排再次进

行巡检。

b. 如果开关柜的检测值在 20～25dB，应对该开关柜加强关注，缩短巡检周期，观察检测幅值的变化趋势。

c. 如果开关柜的检测值在 25～30dB，则表明该开关柜可能存在局部放电现象，应缩短巡检的时间间隔，必要时应使用定位技术对放电点进行定位。

d. 如果开关柜的检测值在 30dB 以上，则表明该开关柜存在明显的局部放电现象，应使用定位技术对放电点进行定位，必要时可使用在线监测装置对放电点进行长期在线监测。

2）当开关室内背景噪声值在 20dB 以上时，要求开关柜的检测值（即实测值）与背景噪声值之间应有较大的差别，使得开关柜的检测值接近实际值，从而从背景噪声中被区别出来进而判断局部放电的状态。

a. 如果开关柜的检测值与背景值之间的差距在 15dB 以下时，则表示开关柜正常，按照巡检周期安排再次进行巡检。

b. 如果开关柜的检测值与背景值之间的差距在 15～20dB，应对该开关柜加强关注，缩短巡检周期，观察检测幅值的变化趋势。

c. 如果开关柜的检测值与背景值之间的差距在 20～25dB，则表明该开关柜可能存在局部放电现象，应缩短巡检的时间间隔，必要时应使用定位技术对放电点进行定位。

d. 如果开关柜的检测值与背景值之间的差距在 25dB 以上，则表明该开关柜存在局部放电现象，应使用定位技术对放电点进行定位，必要时应使用在线监测装置对放电点进行长期在线监测。

（2）所有故障处理过的开关柜，应再次对该开关室进行局部放电检测，检测结果与处理前进行比较，衡量故障处理的准确性。

（3）阈值比较技术比较简单，易于掌握，非常适合巡检现场使用。阈值比较技术关注于每次巡检时开关室内每个开关柜的局部放电检测状况，但是却无法分析开关室内所有开关柜在此次巡检的整体状况。当遇到一个开关室内存在多个异常的开关柜或所有开关柜均异常时，阈值比较技术的作用有限，此时就需要采用横向分析技术来进一步分析。

（三）横向分析技术

横向分析技术适用于对开关室内开关柜的同次检测结果进行对比分析，从中发现存在故障缺陷概率较高的开关柜。

开关室内开关柜一般呈"一"字形排列并按顺序依次编号。由于同一个开关室内开关柜多数来源同一厂家，运行年限也相差不大，运行环境和电磁环境也基本相同，因此可认为正常运行的开关设备，其绝缘水平理应不会存在明显的差异。因此，通过计算同次检测结果的总体平均水平，并衡量每个开关柜偏离总体平均水平的程度，可以来判断设备是否存在绝缘缺陷。

由于正常情况下每面开关柜的测量结果差别不大，因此横向分析曲线基本在总体平均水平上下波动，得到的曲线应是非常平缓。但是，当某一开关柜的检测结果明显偏离总体平均水平时，可以认为此开关柜存在缺陷的概率较高。

（1）若曲线平缓，如图 3-6 正常状态的横向分析曲线所示。说明金属封闭开关柜内不存在明显的放电现象。

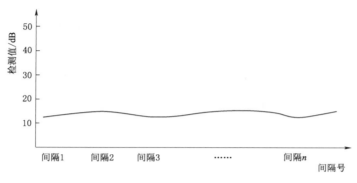

图 3-6 正常状态的横向分析曲线

（2）若在某个开关柜处（如间隔 3）的曲线突出，且其两边开关柜的曲线逐渐下降，如图 3-7 异常状态的横向分析曲线所示。说明此间隔存在故障的几率较高。

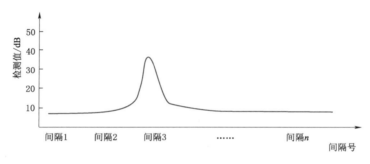

图 3-7 异常状态的横向分析曲线

（四）趋势分析技术

趋势分析假定某一开关柜的绝缘水平不会发生突发性恶化，连续性的局部放电检测数据也不会出现大的跃变，即变化量基本保持稳定，且围绕平均水平上下波动。因此，可以通过分析某次局部放电检测数据偏离平均水平的变化程度来判断该设备是否存在绝缘缺陷及缺陷的严重程度。

趋势分析需要基于一定的连续检测数据，数据量越大，时间间隔越短，分析结果越准确。

1. 基本趋势分析

对同一开关柜不同时间的检测数据以曲线或数值形式描述其随时间的趋势变化，可利用预测值或其与实测值的差值是否越限作为控制状态检修的时刻。

2. 累积和分析技术

控制论中常称之为 CUSUM 图。该技术通过不断按照时间顺序对实测值与状态数据序列递推均值之差进行累加求和，当累积和 SH 或 SL 结果超出警戒线 H 时（纵向分析之CUSUM 图如图 3-8 所示），说明该设备的状态已经偏离正常水平，从而可以确定合适的检修时刻。

3. 指数加权移动平均技术

控制论中常称为 EWMA 图。该技术为不同时刻的数据赋予不同的权重，近期数据赋

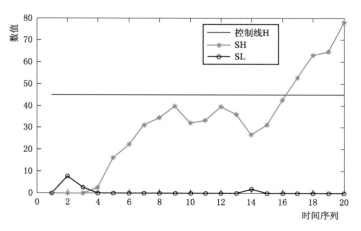

图 3-8 纵向分析之 CUSUM 图

予较大的权重，而历史数据的权重较低。通过不断按照时间顺序计算指数加权移动平均值，当该平均值 EWMA 超出警戒线 UCL 或 LCL 时（纵向分析之 EWMA 图如图 3-9 所示），说明所检测的设备状态发生异常偏离，从而起到预警的效果。

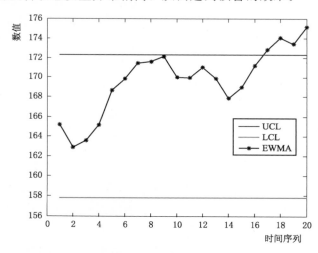

图 3-9 纵向分析之 EWMA 图

（五）综合分析流程

（1）单周期巡检时需要进行以下分析：

1）对开关室内的每个开关柜采用阈值比较技术分析暂态地电压检测数据，采用声音判别技术和阈值比较技术分析超声波检测数据，并将暂态地电压分析结果和超声波分析结果综合，得到该开关柜的局部放电状态。

2）将开关室内开关柜同一次的暂态地电压检测数据采用横向分析技术进行分析，特别是当开关室内存在多个或所有开关柜异常的情况时通过横向分析技术可以得到发生故障概率最大的开关柜。

3）根据分析结果，制定相应的检修策略。

（2）累积一定的暂态地电压检测数据后：

1）采用统计分析技术计算暂态地电压局部放电状态阈值，并在之后的巡检中采用新的状态阈值对暂态地电压检测数据进行阈值比较分析。

2）采用趋势分析技术对每个开关柜的暂态地电压检测数据的变化趋势进行分析，判断是否偏离平均水平或超出警戒线。

3）根据趋势分析的结果可以预测开关柜的未来变化趋势，并在其达到危险值之前实施检修。

（3）坚持开展巡检工作，不断累积检测数据，有利于统计分析技术和趋势分析技术通过对累积数据的循环利用获得更为准确的分析结果。

第五节 案 例 分 析

一、案例一

（一）检测情况

在对某变电站 10kV 开关柜进行局放检测时，使用暂态地电压检测仪发现 203 柜存在异常，再使用定位仪对 203 柜进行定位，初步判断母线穿墙套管附近存在局部放电。

（二）处理和分析

为进一步证实检测结果，使用暂态地电压局部放电监测仪对 10kV 母线进线柜体进行连续在线检测。传感器探头布置如图 3-10 所示。

结果显示 5 号、9 号探头数据较正常值高很多，证实此处确实存在局部放电。使用红外成像仪对 5 号、9 号探头附近的柜体进行温度扫描，发现 B、C 相热点比邻近其他部位高 3℃。综合分析后认为 3 号变压器 10kV 母线进线柜体内存在放电现象，放电位置为 B、C 相附近。

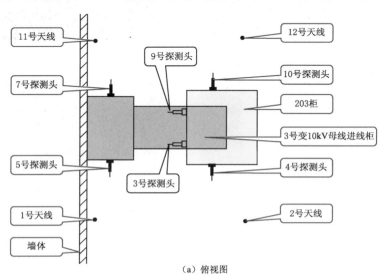

（a）俯视图

图 3-10（一） 传感器探头布置图

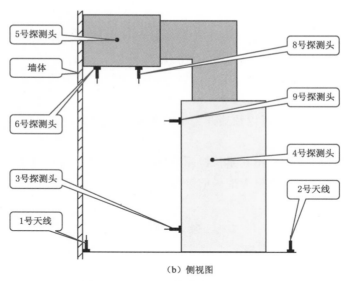

图 3－10（二）　传感器探头布置图

（三）停电检查及试验

对该开关柜进行停电检查和缺陷处理工作。停电后打开进线柜面板，发现母线支撑绝缘子表面尘埃严重、B 相一只母线绝缘子标签脱开、C 相带电显示器引线与母线过近等现象，现场停电检查解剖图如图 3－11 所示。

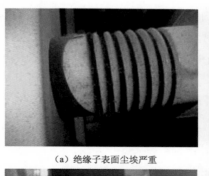

（a）绝缘子表面尘埃严重

（b）绝缘子标签脱开

（c）带电显示器引线与母线过近

（d）柜内情况

图 3－11　现场停电检查解剖图

绝缘电阻测试，C 相绝缘电阻 4000MΩ，A、B 绝缘电阻大于 10000MΩ；分相施加运行电压进行检测时，B、C 相均出现明显超声信号，为 12dB/40kHz。升高试验电压，在

13kV 时穿墙管根部外表面出现爬电现象，并伴随明显放电，加压至 13kV 时穿墙管根部外表面出现放电如图 3-12 所示。

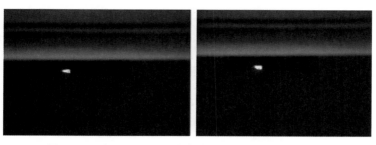

图 3-12　加压至 13kV 时穿墙管根部外表面出现放电

对柜内设备进行全面清扫，同时将标签脱开、C 相带电显示器引线与母线过近的现象进行了处理，3 号变 10kV 母线进线柜体清扫处理后情况如图 3-13 所示。

图 3-13　3 号变 10kV 母线进线柜体清扫处理后情况

经处理后，绝缘电阻测量 A、B、C 三相绝缘电阻均大于 10000MΩ。施加运行电压进行检测，未发现超声波异常的信号；施加试验电压 30kV 时，穿墙管处出现明显放电现象，但较之前 13kV 时电压明显提高。经进一步核对检查，该穿墙管为瓷质绝缘，内壁没有均压材料或装置。

（四）结论

从整个柜体内部的情况来看，引起局部放电现象存在以下几点原因：

（1）203 进线柜体内部沉积尘埃较多。

（2）B 相母线支撑绝缘子标签开裂。

（3）C 相带电显示器引线与母线过近。

（4）穿墙套管内部无均压材料或装置。

经过对 203 进线柜体的清扫及检修，加压试验结果显示其内部局放现象在运行电压下已得到消除。为彻底消除引起局放的隐患，还需要对三相穿墙套管进行处理，完善其内部均压装置。

二、案例二

（一）检测情况

检测人员在使用暂态地电压（TEV）方法对某 220kV 变电站进行普测时发现 35kV

开关室内空气中背景噪声达到43dB，为排查空气背景噪声来源，检测人员分别对室外环境与相邻GIS室内空气背景噪声进行检测。检测结果见表3-2。

表3-2　　　　　　　　　　　　　　　检　测　结　果

检测位置	室　外	GIS室	35kV开关室
检测结果	3dB	12dB	43dB

对比结果初步排除35kV开关室内空气背景噪声来自室外的可能。

对35kV开关室内开关柜进行暂态地电压（TEV）检测发现34甲-9间隔暂态地电压检测结果达到满量程60dB，初步判定34甲-9开关柜内部存在局部放电。

（二）处理及分析

34甲-9开关柜内主要一次设备包括TV，部分35kV-4甲母线和避雷器，母线铜牌及避雷器软连接线均配有热缩绝缘外套。

首先判断局部放电是否来自TV。将TV拉至检修位置时进行暂态地电压检测，暂态地电压信号仍存在，初步判断TV无故障，局部放电可能存在于母线或避雷器上。

为判断局放产生的位置及处理故障，对该段母线进行了停电。

在拉出34甲-9小车至检修位置，且间隔内避雷器接入母线情况下，分别对三相母线加压，并进行暂态地电压测试。分别为A、B两相加压并进行暂态地电压测试，均无局放信号产生。当对C相母线加压至8kV时，出现局部放电信号，当电压加至20kV时，局放信号加强。由此，确认局放信号来自于34甲-9间隔内C相。

为判断局放是否来自避雷器，拆除C相避雷器后，再次对C相母线加压并进行局放试验。母线加压至8kV，出现局放信号。电压加至20kV时，局放信号加强。因此，排除局部放电发生在避雷器上的可能性。认定局放发生在C相母线上。

为进一步确定局放发生位置，将C相母线于-9TV柜后部分解为两段，分别为两段母线加压并进行局部放电检测，缩小放电点排查范围。

母线分解位置如图3-14母线分解图所示。

由于彻底分解母线较困难，且考虑到局部放电起始电压低于8kV，因此在分解位置使用热缩绝缘材料进行绝缘。下面的试验表明，在试验电压达到8kV时，此绝缘材料不会产生局部放电信号。

在此处分解

母线分解后，分别从两侧加压，图中下侧加压未出现局放信号，上侧加压至8kV信号出现。判断局放仅发生在分解位置至TV套筒内一小部分母线内。经对此部分所有连接部分进行仔细检查后，在套筒与母线连接的螺栓及螺母处均发现烧灼痕迹，现场缺陷解析图如图3-15所示。

图3-14　母线分解图

（a）烧蚀的螺栓

（b）烧蚀的螺母

图 3-15 现场缺陷解析图

（三）结论

在施工过程中，由于未将母排部位热缩套剥除，就强行拧入连接螺栓，螺栓旋入母排时，挤压部分热缩材料，导致母排与螺栓搭接不良，产生放电，经处理后，对 C 相母线进行恢复。恢复后，再一次进行局部放电试验。试验电压加至 20kV 时，无局放信号产生，如图 3-16 放电机理解析示意图所示。

（a）放电部位

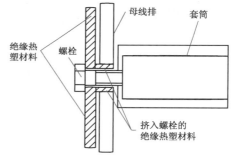
（b）放电机理结构示意图

图 3-16 放电机理解析示意图

三、案例三

（一）检测情况

在对某变电站 35kV 开关柜进行暂态地电压局放普测时，测得现场空气背景噪声达到 25dB，室外为 5dB。同时，301 间隔和 303 间隔的结果偏大，且存在较弱的超声信号。某 35kV 变电站 35kV 金属封闭式开关柜超声局放检测结果见表 3-3。

表 3-3　某 35kV 变电站 35kV 金属封闭式开关柜超声局放检测结果

开关柜名称	幅值/dB		
	部位	后面板	
		TEV/(dB/2s)	超声/dB
301	上部（穿墙套管部位）		39
	中部		26
	下部		21
303	上部		38
	中部		20
	下部		25

一周后对该变电站进行开关柜局部放电复测，发现 35kV 开关室内背景噪声达到 40dB 以上，同时使用超声波检测发现在 301、303 开关柜后面板缝隙处有较强超声信号，初步判断柜内有局部放电。

对该站进行重点监测，每日进行一次局放检测，发现放电发展很快，两日后放电声响已达到人耳可听的强度，立即安排停电检修。

（二）处理及分析

通过对开关柜进行超声及暂态地电压局放定位，初步判断局放产生于开关柜上部，组织厂家对 301、303 开关柜进行停电检修，结合定位结果，在柜顶母线套筒内及搭接弹簧片上发现明显烧蚀痕迹，开关柜故障部位示意图如图 3-17 所示。

 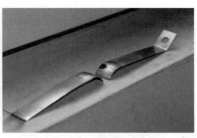

（a）烧蚀的套筒　　　　　　　　　（b）烧蚀的弹簧片

图 3-17　开关柜故障部位示意图

（三）结论

此次故障主要是由于连接的软弹簧片与套筒内壁均压环连接不良，造成放电，并产生明显烧蚀痕迹。经与厂家沟通，确认由于工艺原因，该批弹簧片普遍存在与套筒内壁搭接不良的情况，属家族性缺陷，随即对该批弹簧片进行了更换。更护部件示意图如图 3-18 所示。

 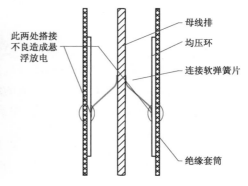

（a）放电部件图片　　　　　　　　（b）放电机理结构示意图

图 3-18　更护部件示意图

四、案例四

（一）检测情况

某公司在巡视中发现 311、301 等开关柜绝缘套筒放电声音比较大而且有强烈的臭氧味。随后采用超声波检测仪和暂态地电压检测仪进行了检测。发现该站的 35kV 开关柜普遍存在暂态地电压局部放电信号，且超过了 20dB。表 3-4 为某 110kV 变电站 35kV 金属封闭式开关柜暂态地电压局部放电检测结果。

表 3-4 　　　　　　　　　　某 110kV 变电站 35kV 金属封闭式开关柜

暂态地电压局部放电检测结果　　　　　　　　单位：dB

开关柜名称	幅　值		
	部位	前面板（TEV）	后面板（TEV）
302-2	上部	9	14
	中部	7	15
	下部	5	13
302	上部	7	10
	中部	12	12
	下部	8	11
314	上部	6	33
	中部	7	20
	下部	9	12
312	上部	14	31
	中部	14	23
	下部	10	24
35-9PT	上部	7	25
	中部	8	18
	下部	9	11
345	上部	8	30
	中部	12	20
	下部	10	21
345-4	上部	14	27
	中部	13	24
	下部	13	21
34-9	上部	13	31
	中部	9	21
	下部	11	11
301	上部	11	20
	中部	12	22
	下部	10	16
301-2	上部	7	17
	中部	9	12
	下部	5	12

由于检测结果异常的设备范围较大，并未立即对该站进行停电检修，但运行中对该站的 35kV 金属封闭式开关柜进行了多次超声及暂态地电压局部放电测试，测试结果和本次测试的数据基本吻合。而且，超声局部放电信号还有明显增强的趋势。

运行一个月后，决定对该站进行停电检修，检修前再次进行了带电检测。在 302～314 母线筒、301 与 311 间隔母线筒连接处、314 后柜上下部接缝处、311 前柜左侧接缝处以及 301 后柜上下部接缝等多处测得强度为 15dB 的超声信号，且在 311 柜左侧接缝处可用人耳直接听见放电声响。

（二）处理及分析

经过将超声和暂态地电压检测数据的对比验证，发现两种方法判断的放电位置基本吻合，都存在与开关柜的中部或上部，初步认为放电发生在开关柜的触头盒内。

通过对该站进行停电，对 35kV 开关柜内部设备进行了检查和缺陷处理。在对开关柜内设备的逐步检查中，发现开关柜触头盒内存在明显放电痕迹，与之对应的，在母排上也存在大量放电痕迹，母排外热缩套被烧蚀，现场图片如图 3-19 所示。

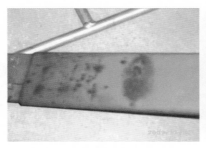 

（a）放电烧蚀的母排　　　　　　　　（b）发生放电的触头盒

图 3-19　现场图片

图 3-20　处理后的母排尖端

（三）结论

通过对局部放电点的分析和研究，判断产生局部放电的主要原因为触头盒内部母排端部存在毛刺和尖端，在高电压的作用下，母排尖端对触头盒内表面产生局部放电现象。产生母排端部毛刺的原因，主要为施工过程中，没有很好对母排端部进行尖角的打磨处理，造成了局部放电隐患的存在。对 11 面开关柜触头盒内的母排尖端，按照技术要求重新进行倒角处理，隐患消除。处理后的母线尖端处理后的母排尖端如图 3-20 所示。

五、案例五

（一）检测情况

在对某变电站巡视中发现，10kV2 段母线室有一丝轻微的间隙性的疑似放电声，于是用暂态地电压局放仪进行测量，经排查后发现 2 号主变 10kV 甲开关仓所测的数据在 13～22dB 之间变化，虽然数据绝对值不大，但对照历史数据表明设备可能存在不安全的隐患。

（二）处理及分析

在打开 2 号主变 10kV 甲开关后仓后（流变仓）立即发现，绝缘挡板面板上结了一层露水，侧面与顶面绝缘板之间有多处放电痕迹，变电检修班立即对绝缘挡板进行了拆卸，对仓位内设备进行烘干，并对绝缘挡板外形尺寸也进行了合理的改进，送电后再用暂态地电压检测仪进行测量，数据稳定在 6dB 左右。放电部位的现场图片如图 3 - 21 所示。

（a）绝缘板结露情况　　　　　　　（b）绝缘板放电痕迹

图 3 - 21　放电部位现场图片

处理前局放检测数据见表 3 - 5。

表 3 - 5　　　　　　　　　　处理前局放检测数据　　　　　　　　　　单位：dB

开关柜名称	前中	前下	后上	后中	后下	侧上	侧中	侧下
2 号主变 10kV 甲开关柜	8	6	15	19	22	12	14	18

处理后局放检测数据见表 3 - 6。

表 3 - 6　　　　　　　　　　处理后局放检测数据　　　　　　　　　　单位：dB

开关柜名称	前中	前下	后上	后中	后下	侧上	侧中	侧下
2 号主变 10kV 甲开关柜	8	6	8	6	6	7	6	8

（三）结论

开关柜电缆仓内的隔板安装位置，一端接地另一端固定在 B 相铜排上，当隔板受潮时易造成放电。另外主变 10kV 开关柜因下面没有电缆仓使得散热、散潮性能较差，也是导致此次故障的原因。

高频局部放电检测

第一节 检 测 原 理

局部放电是一种脉冲放电，它会在电力设备内部和周围空间产生一系列的光、声、电气和机械振动等物理现象和化学变化。这些伴随局部放电而产生的各种物理现象和化学变化可以为监测电力设备内部绝缘状态提供检测参量。局部放电信号的频谱非常宽，根据绝缘介质的不同，放电信号频谱大约从数百赫兹到数吉赫兹。当电力设备发生局部放电时，通常会产生脉冲电流，沿着设备接地引下线或其他地电位连接线传播。通过对流经电力设备的接地线、中性点接线以及电缆本体中的高频脉冲电流信号进行检测，可实现对局部放电的带电检测，电缆中的局部放电检测原理如图4-1所示。电缆中的局部放电脉冲电流波形如图4-2所示。

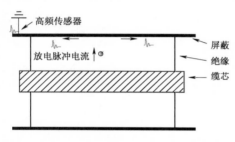

图4-1 电缆中的局部放电检测原理

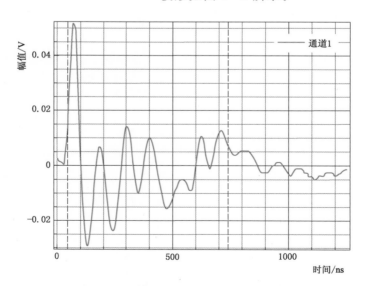

图4-2 电缆中的局部放电脉冲电流波形

电缆局部放电高频检测法和其他局部放电检测技术相比，具有以下优点：

1. 能够有效检测电缆局部放电

电缆线路作为被测设备埋在地下，对于没有专用隧道的大部分电缆线路，仅在电缆两端或位于地面上的交叉互联箱处能够接触到被测设备，以实施局部放电的带电检测。在局部放电带电检测的诸多手段中，特高频法和超声波法所能检测的信号沿电缆传输衰减很大，无法检测到电缆地下部分中间接头或本体缺陷的局部放电信号。由于局部放电所产生的高频脉冲电流沿电缆外屏蔽层导体传播距离较远，因此高频法检测范围远大于特高频法和超声波法，可以实现在电缆接地线或交叉互联箱处检测电缆内部的局部放电信号。

2. 能够实现绝缘缺陷类型识别

结合被测设备的工频电压相位信息，高频检测法可通过 PRPD 图谱实现绝缘缺陷类型的识别。

3. 能够实现电缆局部放电的定位

脉冲电流从绝缘缺陷处发出，沿电缆屏蔽层导体向两端传播，传播速度根据电缆规格的不同，一般在 $150\sim175\mathrm{m/\mu s}$（XLPE 电缆波速为 $165\sim175\mathrm{m/\mu s}$，油纸电缆波速为 $150\sim160\mathrm{m/\mu s}$）。因此，可以通过局部放电脉冲到达时间差，实现对电缆局部放电的定位。

4. 限制和不足

电缆局部放电高频检测法在应用时也存在一些限制和不足，如某些中压电缆终端接地引下线在开关柜内部接地，或其他情况下接地引下线安全距离不够，当设备运行时无法连接高频电流传感器，造成无法检测。对于这一类设备，只有通过停电时预埋高频电流传感器并将传感器信号输出引到安全距离以外区域，才可实现高频局部放电带电检测。

第二节 检测仪器的使用及维护

一、高频局部放电检测仪的组成

高频法局部放电检测仪器一般由以下几部分组成，如图 4-3 所示。

（1）高频电流传感器：一般使用钳式高频电流传感器，感应高频脉冲电流信号，转换为相应的电压输出。

（2）工频相位单元：获取电网工频参考相位，用以构建 PRPD 图谱。

（3）信号采集单元：对局部放电和工频相位的模拟信号进行调理并转化为数字信号。

（4）信号处理分析单元：完成局部放电信号的处理、分析、展示以及人机交互，对采集的局部放电数据进行处理，识别放电类型，判断放电强度，确定放电源位置。

图 4-3 高频法局部放电检测仪器组成示意图

图 4 - 4　不同口径的高频电流传感器

二、高频电流传感器

高频电流传感器一般采用类似罗氏线圈的结构，如图 4 - 4 所示。罗氏线圈又称为电流测量线圈、微分电流传感器，是一个均匀缠绕在非铁磁性材料上的环形线圈，输出信号是电流对时间的微分，高频电流传感器与罗氏线圈不同的是环形线圈缠绕在磁性材料上。通过一个对输出的电压信号进行积分的电路，就可以真实还原输入电流。高频电流传感器的使用方法和性能要求如下：

（1）高频电流传感器可直接套接在电气设备接地引下线或其他地电位连接线上，不应改变电气设备原有的连接方式。

（2）在 3～30MHz 频段范围内的传输阻抗不应小于 5mV/mA。

对于电力电缆及附件，可以在电缆终端接头接地线、电缆中间接头接地线、电缆中间接头交叉互联接地线、电缆本体上安装高频局部放电传感器，在电缆单相本体上安装相位信息传感器。如果存在无外接地线的电缆终端接头，高频电流传感器也可以安装在该段电缆本体上。传感器使用时应注意放置方向，应保证电流入地方向与传感器标记方向一致，如图 4 - 5～图 4 - 8 所示。

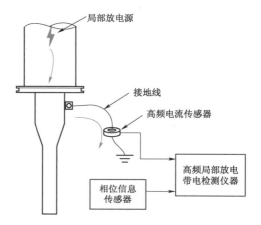

图 4 - 5　经电缆终端接头接地线安装传感器

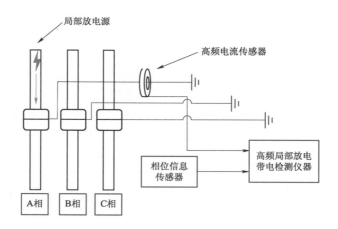

图 4 - 6　经电缆中间接头接地线安装传感器

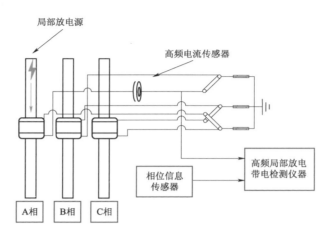

图 4 - 7 经电缆中间接头交叉互联接地线安装传感器

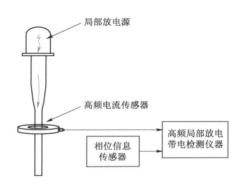

图 4 - 8 经电缆本体安装传感器

图 4 - 9 为高频电流传感器现场安装示意图（套接在电缆终端接头接地线上）。

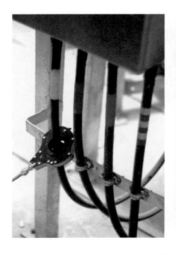

图 4 - 9 高频电流传感器现场安装示意图

第三节　现　场　检　测

一、准备工作

开始局部放电高频检测前,应准备好下列的仪器、工具:

(1) 检测主机:用于局部放电信号的采集、分析处理、诊断与显示。

(2) 高频电流传感器:用于耦合高频局部放电信号。

(3) 高频信号线:连接传感器和检测主机。

(4) 工作电源:220V 工作电源,为检测仪器主机供电并提供工频参考相位。

(5) 相位信息传感器:在检测现场无 220V 工作电源的情况下,通过感应电缆中电流形成的电磁场,为检测主机提供工频参考相位。

(6) 接地线:用于仪器外壳的接地,保护检测人员及设备的安全。

(7) 网线或 USB 线:用于检测仪器主机和笔记本电脑通信。

(8) 记录纸、笔:用于记录检测数据。

二、检测接线

在采用高频法检测局部放电的过程中,应按照所使用的高频局放检测仪操作说明,连接好传感器、检测仪器主机等各部件,将传感器套接在被测高压设备接地线上。

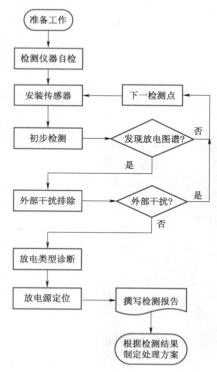

图 4-10　现场检测流程图

三、操作流程

在采用高频法检测局部放电时,典型的现场检测流程图如图 4-10 所示,具体如下:

(1) 设备连接:按照设备接线图连接各部件,将传感器套接在被测设备相应检测位置,将检测主机正确接地,电脑、检测主机连接电源,开机。如现场无 220V 电源,则检测主机应可采用电池供电,此时连接相位信息传感器,为检测主机提供参考相位。

(2) 工况检查:开机后,运行检测软件,检查主机与电脑通信状况、同步状态、相位偏移等参数;进行系统自检,确认各检测通道工作正常。

(3) 设置检测参数:设置变电站名称、检测位置并做好标注。根据现场噪声水平设定各通道信号检测阈值。

(4) 信号初步检测:打开连接传感器的检测通道,观察检测到的信号。如果发现信号图谱无异常,保存少量数据,退出并改变检测位置继续下一点检

测。放电图谱判别方法本章第四节"二、典型缺陷图谱分析与诊断"中相关内容。

（5）信号干扰排除：如果发现信号异常，存在放电图谱，则首先确认该信号是否为外部干扰或其他电缆回路的串扰。具体判别方法参见本章第四节"二、典型缺陷图谱分析与诊断"中相关内容。

（6）放电类型判别：若确认某根电缆内部存在局部放电信号，则根据放电图谱判别放电类型，本章第四节"二、典型缺陷图谱分析与诊断"中相关内容。

（7）放电源定位：对局部放电源进行定位，定位方法参见本章第四节"四、高频局放单端、双端法定位方法及注意事项"中相关内容。

四、注意事项

（一）安全注意事项

为确保安全生产，特别是确保人身安全，除严格执行电力相关安全标准和安全规定之外，还应注意以下几点：

（1）检测时应勿碰勿动其他带电设备。

（2）保证检测设备绝缘良好，以防止低压触电。

（3）在狭小空间中使用传感器时，应尽量避免身体触碰高压设备。

（4）行走中注意脚下，避免踩踏设备。

（5）在进行检测时，要防止误碰误动被测设备其他部件。

（6）在使用传感器进行检测时，应戴绝缘手套，避免手部直接接触传感器金属部件。

（二）测试注意事项

（1）高频电流传感器套接的方向应与传感器标注方向相同。

（2）传感器套接位置应在高压设备接地线引出点与接地线第一个接地点之间。

（3）检测中应将同轴电缆完全展开，避免同轴电缆外皮受到剐蹭损伤。

（4）在检测过程中，必须要保证外接电源的频率与被测试设备电压的频率相同。

（5）若外接电源相位与被测设备电压相位存在相位差（与外接电源相别、被测设备相别及变压器接线组别有关），则需在软件中补偿该相位差。

对于户外电缆检测无法外接电源的情况，须要求检测仪器主机具备电池供电功能，并具备工频相位信号输入端子，可通过相位信息传感器耦合电缆本体的工频电流信号，将被测设备工频频率信息输入检测主机。

第四节 故障分析与诊断

一、局部放电与干扰噪声图谱的区分

区分局部放电与干扰噪声可以通过局部放电相位相关图谱（PRPD 图谱）加以区分。PRPD 图谱是一种统计图谱，通过对一段时间内检测主机采集到的所有脉冲信号的（工频相位，幅度）信息进行统计，可以看出脉冲与工频相位之间的相关性关系。

（1）若脉冲与工频相位之间无相关性，即脉冲在工频 0°～360°范围内均匀发生，则可以判定不存在局部放电信号。干扰噪声的 PRPD 图谱如图 4-11 所示。

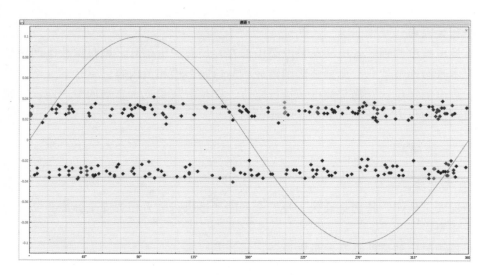

图 4-11 干扰噪声的 PRPD 图谱

（2）若脉冲与工频相位之间有相关性，即脉冲在工频 0°～360°范围内某些区域集中出现，则可以判定存在局部放电信号。局部放电的 PRPD 图谱如图 4-12 所示。

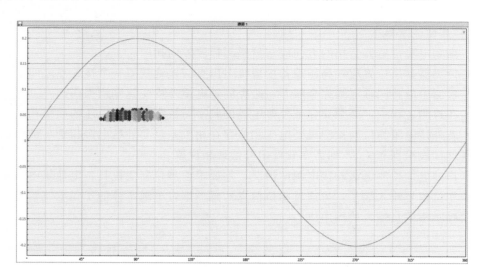

图 4-12 局部放电的 PRPD 图谱

二、典型缺陷图谱分析与诊断

通常在进行电缆高频局部放电检测时，可能存在如下几种典型的放电信号：内部放电、沿面放电和电晕放电。

（1）内部放电（Internal PD）：发生在固体绝缘体内部间隙中，或发生在固体绝缘材料与金属电极之间的放电，一般情况下对电缆绝缘损伤较大。

（2）沿面放电（Surface PD）：绝缘中不同介质交界面因电压分布不均匀发生的放电现象，也包括电缆终端伞裙因污秽发生的爬电现象。

（3）电晕放电（Corona）：气体介质在不均匀电场中的局部自持放电，常发生在电缆架空线混合线路上杆处，或电缆与套管连接处的金具部位，或来自架空线本身。

表 4-1 典型缺陷局部放电图谱简明列举了上述几种电缆高频局部放电信号使用不同品牌仪器（SDMT 与 TechImp）检测到的 PRPD 图谱。表 4-2 典型缺陷局部放电图谱特征简明阐述了上述几种局部放电信号的图谱特征。对于内部放电和沿面放电，根据缺陷位置、形状以及外部环境的不同，图谱可能呈现出不同的形状和分布特征，表中列出的图谱不能涵盖所有缺陷情况。对于电晕放电，一般出现在电压绝对值较高的相位区域，且放电幅值比较固定，容易判断。

表 4-1　　　　　　　　　　典型缺陷局部放电图谱

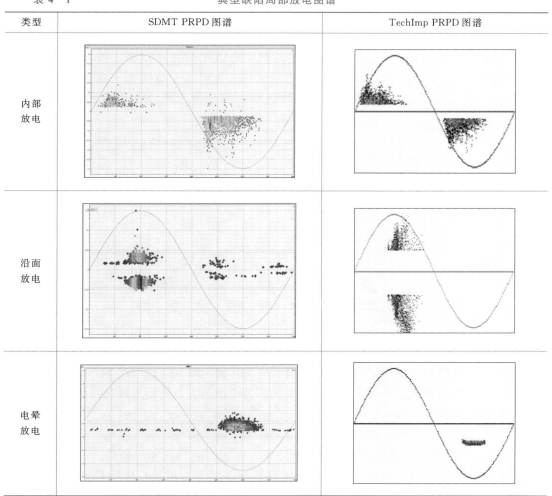

类型	SDMT PRPD 图谱	TechImp PRPD 图谱
内部放电		
沿面放电		
电晕放电		

表 4-2　　　　　　　　　　　　　　　　典型缺陷局部放电图谱特征

类　型	图　谱　特　征
内部放电	存在内部局部放电，一般出现在电压周期中的第一和第三象限，正负半周均有放电，放电脉冲较密且大多对称分布
沿面放电	存在沿面放电时，一般在一个半周出现的放电脉冲幅值较大、脉冲较稀，在另一半周放电脉冲幅值较小、脉冲较密
电晕放电	高电位处存在单个尖端，电晕放电一般出现在电压周期的负半周。若低电位处也有尖端，则负半周出现的放电脉冲幅值较大，正半周幅值较小

三、干扰排除

（一）高频局部放电的串扰及排除

电缆局部放电高频检测主要检测电缆接地线处的高频脉冲电流。高频脉冲电流流入变电站接地网后，会沿着地网流入相邻电缆的接地线，形成串扰。这种情况下，往往在与缺陷电缆相邻的多回（相）电缆地线上都能检测到局部放电信号。

电缆高频脉冲电流的串扰如图 4-13 所示。电缆 2 内部存在局部放电，高频脉冲电流沿电缆 2 接地线进入地网，其中部分能量流入电缆 1 和电缆 3 的接地线，形成串扰。此时，在电缆 1、2、3 的接地线中均能检测到局部放电高频脉冲电流，可能造成误判。

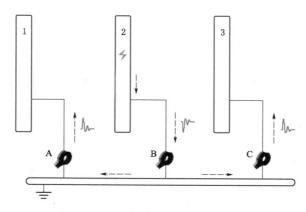

图 4-13　电缆高频脉冲电流的串扰

因此，电缆高频局放检测时需同时检测相邻的几回电缆，通过对比不同电缆检测到的脉冲电流的波形，判断其流动方向，排除串扰。判别依据为，缺陷电缆处检测到的脉冲电流方向与其他相邻电缆相反。

从图 4-13 可以看出，缺陷电缆 2 的高频电流流动方向是电缆→大地，而被串扰的相邻电缆 1、3 的高频电流流动方向是大地→电缆。当使用 3 只高频传感器（A、B、C）对这 3 根电缆同步检测时，对同一时刻检测到的脉冲波形进行对比，传感器 B 检测到的电流波形极性与传感器 A 及 C 的相反。

高频脉冲电流的极性定义为首个脉冲峰值电压的正负。峰值电压大于 0 则为正极性，峰值电压小于 0 则为负极性。高频脉冲电流的极性如图 4-14 所示。如前所述，为获得正确的脉冲极性，传感器安装时方向必须正确，应与传感器外壳标示的方向对应。

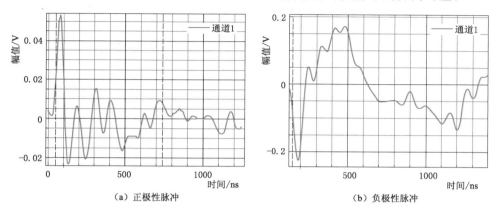

（a）正极性脉冲　　　　　　　　　（b）负极性脉冲

图 4-14　高频脉冲电流的极性

通过对同一时刻不同传感器接收到的脉冲电流极性进行对比，可以判断出脉冲电流方向与其他相反的电缆。相邻电缆脉冲电流极性对比如图 4-15 所示，可知放电信号应来自通道 3 传感器所在的那根电缆。

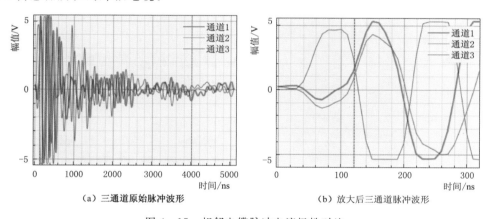

（a）三通道原始脉冲波形　　　　　　（b）放大后三通道脉冲波形

图 4-15　相邻电缆脉冲电流极性对比

（二）高频局部放电的外部干扰及排除

电缆接地线中混杂着各类干扰信号，有来自地网的载波干扰，也有来自电缆架空线混合线路架空线部分的电晕干扰。这些干扰信号的幅值往往比局放信号幅值更大，严重影响局放信号的检测和定位。此时需要借助信号分离技术对不同信号源进行分离，才能进行准确的判断和定位。

信号分离技术分析高频电流脉冲的波形，通过有效提取脉冲波形的特征量，将检测到的脉冲分布在波形特征空间中。大多数情况下，不同信号源发出的信号特征不同，它们在特征空间分布距离较远；相同信号源发出的信号特征类似，它们在特征空间分布距离较近，形成聚类。

一些品牌的检测仪器（如 SDMT）针对检测到的每个脉冲，提取波形的首脉冲时长 T_1(ns) 和全脉冲时长 T_2(ns)，如图 4-16 放电脉冲波形的首脉冲时长 T_1(ns) 与全脉冲时长 T_2(ns) 所示，再结合脉冲检测时刻的工频电压相位 φ(0°~360°)，将所有检测脉冲分布在（T_1-T_2-φ）特征空间，实现不同信号源的分离。

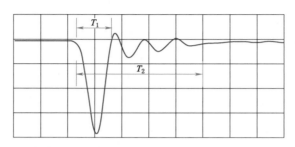

图 4-16　放电脉冲波形的首脉冲时长 T_1(ns) 与全脉冲时长 T_2(ns)

当在特征空间中选择不同聚类的脉冲时，软件显示该聚类中的脉冲的 PRPD 图谱，实现不同信号源的分离与识别，如图 4-17~图 4-19 所示。

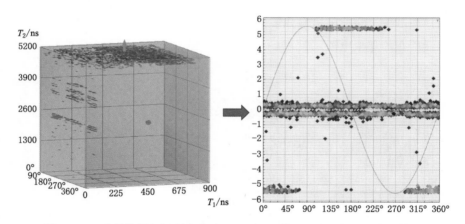

图 4-17　选择特征空间所有脉冲，PRPD 图谱包含放电信号与噪声信号

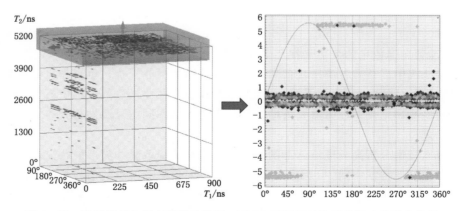

图 4-18　选择特征空间上部脉冲聚类，PRPD 图谱显示该部分脉冲为噪声信号

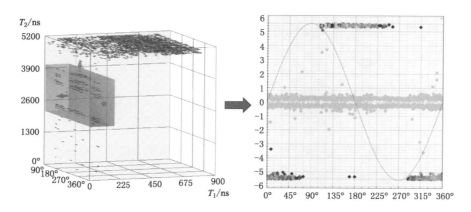

图 4-19　选择特征空间左部脉冲聚类，PRPD 图谱显示该部分脉冲为放电信号

　　一些品牌的检测仪器（如 TechImp）针对检测到的每个脉冲，提取波形信号的"等效时长"和"等效频率"特征，将所有检测脉冲分布在等效时长—等效频率二维特征空间，也能够有效实现不同信号源的分离。等效时长—等效频率二维特征空间聚类与对应的 PRPD 图谱如图 4-20 所示。

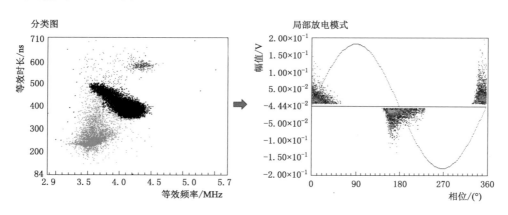

图 4-20　等效时长—等效频率二维特征空间聚类与对应的 PRPD 图谱

四、高频局放单端、双端法定位方法及注意事项

（一）电缆局部放电的单端定位

　　电缆局部放电定位是电缆局部放电带点检测的关键环节，也是最困难的一个环节。单端定位法又称反射脉冲到达时间比较法，其利用放电脉冲沿电缆屏蔽层传播到达接地点时，由于接地点阻抗突变造成部分脉冲能量反射的原理，使用一台仪器在电缆一端测试，通过测量直接到达的局部放电脉冲与经电缆对端反射的放电脉冲的时间差，结合电缆长度和脉冲传播速度，计算放电点与检测端的距离，实现局部放电的定位。

　　为简化描述，以 10kV 三芯电缆为例，电缆金属屏蔽层在两端变电站接地。检测仪器和传感器部署在变电站 A 电缆屏蔽层接地处，如图 4-21 所示。

图 4-21 电缆局部放电单端定位法示意

（1）假设电缆上某点在 t_0 时刻发生局部放电，放电脉冲沿电缆屏蔽层向两侧传播，如图 4-22 所示。

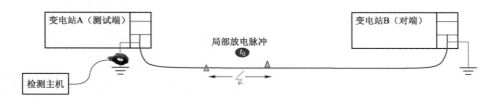

图 4-22 t_0 时刻，发生局部放电

（2）在 t_1 时刻，向变电站 A 传播的脉冲到达测试主机，如图 4-23 所示。

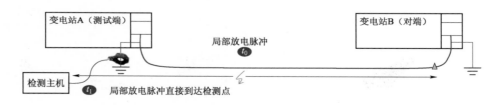

图 4-23 t_1 时刻，向变电站 A 传播的脉冲到达主机

（3）在 t_2 时刻，向变电站 B 传播的脉冲，经变电站 B 接地点部分反射后，向变电站 A 方向传播，到达测试主机，如图 4-24 所示。

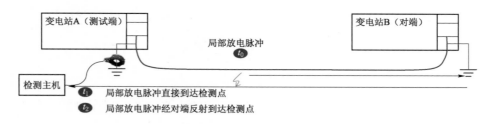

图 4-24 t_2 时刻，经变电站 B 反射的脉冲到达测试主机

（4）检测主机检测到的脉冲波形如图 4-25 所示。直接到达波与反射到达波到达时刻分别为 t_1，t_2。

（5）设放电点距离变电站 A 测试端 x（m），电缆全长 L（m），高频脉冲在该电缆中传播速度为 v（m/μs），则有式（4-1）、式（4-2）：

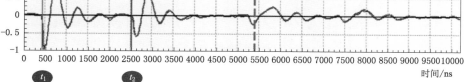

图 4-25 检测主机脉冲波形

$$\left[(L-x)+L\right]-x=v(t_2-t_1) \qquad (4-1)$$

$$x=L-\frac{v(t_2-t_1)}{2} \qquad (4-2)$$

式中 L——电缆全长，m；

$\qquad x$——放电点距离变电站 A 测试端距离，m；

$\qquad t_1$——高频电流脉冲直接到达测试仪器的时刻，μs；

$\qquad t_2$——高频电流脉冲经对端反射后到达测试仪器的时刻，μs。

一直以来，电缆局部放电单端定位法是电缆局部放电定位唯一方法。单端定位法要求测试端必须能够检测到局部放电脉冲到达对端后反射的脉冲才能够实现定位。单端定位法有两大限制：

（1）经对端反射的放电脉冲需要沿电缆传播的距离，且反射时消耗了很大一部分脉冲能量。当电缆较长，或电缆中间接头较多时，放电脉冲传播衰减大，反射脉冲很难被检测端检测到，导致无法定位。

（2）当局部放电脉冲靠近变电站 B（对端）时，直接到达脉冲与反射脉冲几乎同时到达测试端，波形重叠，造成无法区分，导致无法定位。

（二）电缆局部放电的双端定位

双端定位法使用两台仪器在电缆两端同时测试，通过测量局部放电脉冲分别到达两端检测仪器的时间差，结合电缆长度和脉冲传播速度，计算放电点与检测端的距离，实现对局部放电的定位。双端定位法从很大程度上克服了单端定位法由于反射脉冲传播路程太长导致的衰减问题，且没有单端定位法脉冲重叠的问题。只要局部放电脉冲在电缆两端都能分别检测到，就能够实现定位。

为简化描述，以 10kV 三芯电缆为例，电缆金属屏蔽层在两端变电站接地。检测仪器和传感器部署在变电站 A 电缆屏蔽层接地处，如图 4-26 所示。

图 4-26 电缆局部放电双端定位示意图

（1）假设电缆上某点在 t_0 时刻发生局部放电，放电脉冲沿电缆屏蔽层向两侧传播，如图 4-27 所示。

图 4-27　t_0 时刻，发生局部放电

（2）在 t_1 时刻，向变电站 A 传播的脉冲到达测试主机 A，如图 4-28 所示。

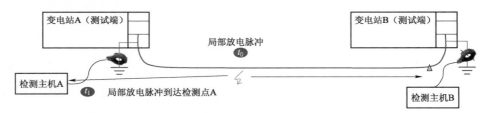

图 4-28　t_1 时刻，向变电站 A 传播的脉冲到达测试主机 A

（3）在 t_2 时刻，向变电站 B 传播的脉冲到达测试主机 B，如图 4-29 所示。

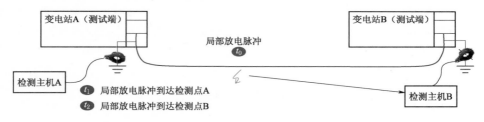

图 4-29　t_2 时刻，向变电站 B 传播的脉冲到达测试主机 B

（4）设放电点距离测试端 x（m），电缆全场 L（m），高频脉冲在该电缆中传播速度为 v（m/μs），则有式（4-3）、式（4-4）：

$$[(L-x)+L]-x=v(t_2-t_1) \tag{4-3}$$

$$x=L-\frac{v(t_2-t_1)}{2} \tag{4-4}$$

式中　L——电缆全长，m；

x——放电点距离变电站 A 测试端距离，m；

t_1——高频电流脉冲到达检测主机 A 的时刻，μs；

t_2——高频电流脉冲到达检测主机 B 的时刻，μs。

双端定位法从原理上显著优于单端定位法，但是双端定位法需要电缆两端的检测主机 A 和检测主机 B 的时钟完全同步，否则无法比较。两端检测主机的时钟同步可以通过以下两个办法实现。

（1）光纤对时。通过光纤将检测主机 A 与检测主机 B 连接。两台检测主机可通过光纤进行数据通信和时钟对时。该方法可用于高压电缆分布式局放在线监测系统，实现的局部放电的在线监测和双端定位，具备双端定位功能的电缆局放在线监测系统示意图如图 4-30 所示。

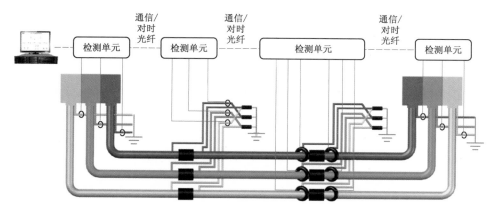

图 4-30　具备双端定位功能的电缆局放在线监测系统示意图

（2）GPS 对时。通过 GPS 天线，使得检测主机 A 与检测主机 B 由 GPS 卫星进行授时，实现时钟同步。检测时通过设置计划任务，使两侧检测主机在相同的时刻同时开始测试。测试完毕后将测试数据进行对比，由专用软件实现双端定位。

（三）电缆定位的注意事项

（1）使用双端定位法时，须保证两端传感器连接检测主机的同轴电缆长度相同，避免因该电缆长度不同引入定位误差。单端定位法无此问题。

（2）使用 GPS 进行授时时，须保证两端检测主机 GPS 天线连接线长度相同，避免因天线连接线长度不同引入对时误差。

（3）脉冲在电缆中的波速 v 根据电缆型号和参数的不同有所区别，一般在 150m/μs 到 175m/μs 不等。为保证定位准确，最好能先在已知长度的相同规格电缆上使用高速示波器和信号发生器测量脉冲传播速度。

（4）电缆全长 L 的测量，原理同单端定位法。在电缆一端连接测试仪器后，使用脉冲发生器与高频传感器从本端接地线处耦合注入一个幅值很高的脉冲，测量该脉冲经对端后反射后到达本端的时间，结合波速计算 L。

（5）90％以上的电缆缺陷都在电缆接头处。因此当定位位置附近有电缆接头时，应首先排查电缆接头。

第五节　案　例　分　析

一、110kV 电缆 GIS 终端内部气隙局部放电缺陷案例

（一）案例经过

2013 年 9 月，在某变电站对某 110kV 电缆线路进行巡视时发现该电缆线路存在局部

放电信号，精确定位结果显示局部放电缺陷位于该电缆线路 B 相 GIS 终端电缆仓内。随后，对 B 相电缆仓进行开仓检查并更换电缆终端，更换后异常信号消失。对更换下来的 GIS 终端进行 X 光检测和解体发现在环氧套管地电位金属内衬件端部存在 3.9mm 不规则气腔，验证了局部放电检测的有效性。

（二）检测分析方法

采用高频局部放电检测仪器对上述 110kV 电缆终端接地箱进行检测，检测图谱如图 4-31 所示。由检测图谱可知，在三相电缆接地箱处均能检测到明显的局部放电信号，其中，B 相幅值最大，达到 200mV 左右；A 相、C 相幅值较小均在 80mV 左右。且 A 相、C 相放电信号与 B 相信号极性相反，表明局部放电信号穿过 B 相传感器的方向与穿过其他两相传感器的方向相反，即局部放电信号沿着 B 相电缆终端接地线传播，再经同一接地排传播至其他两相的接地线，因此确定局部放电源位于 B 相 GIS 电缆终端。同时，采用特高频传感器和高速示波器对上述局部放电源位置进行了确认。

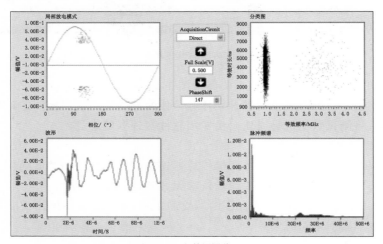

（a）A 相检测图谱

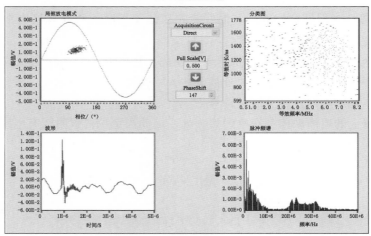

（b）B 相检测图谱

图 4-31（一）　110kV 电缆终端接地箱处高频局部放电检测图谱

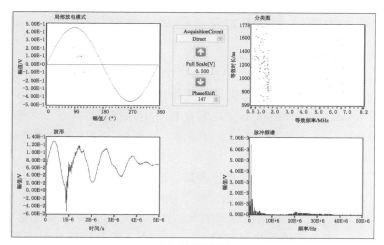

（c）C相检测图谱

图4-31（二）　110kV电缆终端接地箱处高频局部放电检测图谱

采用GE数字化放射摄影系统（CT）对该环氧套管进行X射线扫描，扫描结果如图4-32所示，由图4-32可见，在该GIS终端套管底部内衬件端部存在3.9mm不规则气隙，解体切割后的气隙如图4-33所示。

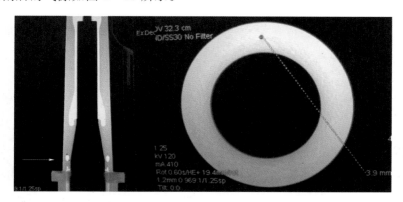

图4-32　环氧套管CT扫描重建横向与纵向断面图

图4-33　解体切割后的气隙

二、基于多元信息的大型电力变压器局部放电故障案例

(一) 案例经过

2016年4月5日，某500kV主变A相进行油色谱分析时发现变压器油中含有微量乙炔，含量为0.1μL/L，并对有色谱数据进行了跟踪测试。2016年5月9日，该主变油中乙炔含量上升至4.3μL/L，怀疑该主变内部存在放电性故障，需要对变压器的故障原因及故障形态进行分析，确定故障位置及危害程度，从而制定相应的维修策略。

(二) 检测分析方法

首先获取了A相主变目前的负荷趋势数据、油中溶解气体数据和铁芯接地电流数据，并利用携带的TWPD-E8高频局部放电检测系统对该主变进行了电-声联合检测。首先对该主变进行了高频局放检测，检测位置为主变的铁芯接地线和夹件接地线，铁芯接地线检测幅值为27.01mV，夹件接地线检测幅值为18.27mV，检测幅值远大于B相和C相，并且通过对高频局放图谱进行分析，该主变A相内部存在明显的局部放电现象。检测图谱如图4-34、图4-35所示，波形实现同步以后呈现了幅值对称和脉冲数基本对称的形态，且放电脉冲呈间歇性出现，间隔时间约为3~4min。在整个检测周期内，内部放电脉冲数量和幅值基本变化不大，处于比较平稳状态。根据这些放电统计特征分析，判断该主变A相内部存在金属悬浮放电现象。

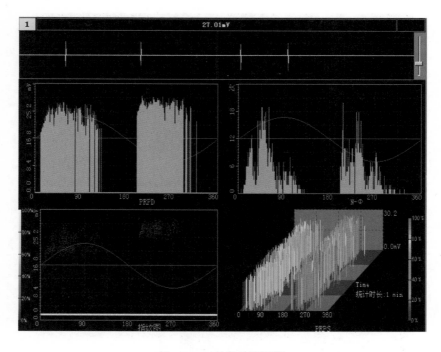

图4-34　铁芯检测图谱

在此基础上采用了超声检测模式对A相主变进行了检测，超声检测位置在油箱上以矩阵形式布置，注意考虑油箱磁屏蔽和耦合剂对超声信号的衰减影响。在变压器中性点套

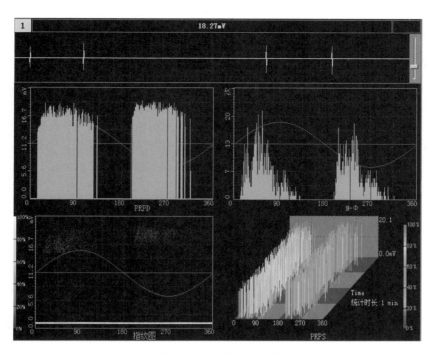

图 4 - 35 夹件检测图谱

管下方检测到了与高频放电信号在时间上和相位上具有关联关系的超声信号，如图 4 - 36 所示。

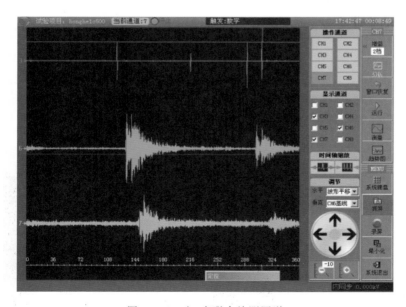

图 4 - 36 电-声联合检测图谱

利用高频放电信号和超声信号进行放电源的精确定位，距离油箱外壁分别为 50cm 和 60cm，具体放电位置如图 4 - 37 所示。

图 4 - 37　放电位置示意图

然后根据现有的有色谱数据进行了统计分析，利用大卫三角形、HAE 等方式对油色谱数据进行计算，结果如图 4 - 38 所示。

根据有色谱数据进行分析，该放电为裸金属低能量火花放电，并且放电呈间歇性出现，根据 CO 和 CO_2 比值进行分析，该放电不涉及固体绝缘可以排除变压器绕组缺陷，该分析结果与局部放电带电检测定位结果基本一致。

综合主变 A 相负荷数据、铁芯接地电流数据、局部放电检测数据和有色谱分析数据并进行分析，可以确认变压器内部存在局部放电现象，放电位置位于距离油箱端部 1400mm，高压侧箱壁 600mm，距箱顶约 500mm 处，结合变压器结构进行分析，该位置为中性点引线及均压球位置，综合油色谱分析结果进行判断，进一步印证了该检测结果的准确性。综上所述，该主变可以带电持续运行，短期内不会引起击穿性故障发生。

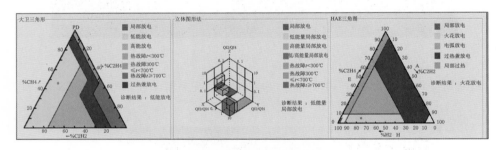

图 4 - 38　油色谱计算结果

2016 年 8 月 22 日，对该主变 A 相进行了检修，检修人员在进入变压器内部后发现，变压器中性点套管均压球脱落，下滑至中性点引线位置，由于均压球上涂有绝缘涂层，导致均压球产生悬浮放电，与检测过程中的分析结果一致。检修结果图片如图 4 - 39 所示。

图 4 - 39　检修结果

第二篇

化学检测

引　言

电气设备的化学检测是指采用化学方法或手段对设备所用绝缘介质中特定的组分类型及其含量进行定性和定量检测分析，检测方法主要有气相色谱法、传感器法（热导、阻容和电化学）、光学方法（激光、红外光谱和紫外光谱）等，在实验室和现场应用较多。目前，带电检测采用的化学检测形式包括变压器油中溶解气体和设备中六氟化硫（SF_6）气体检测分析，变压器油中溶解气体检测方法适用于检测充油电气设备油中溶解气体的 H_2、CH_4、C_2H_6、C_2H_4、C_2H_2、CO 和 CO_2 含量，SF_6 气体检测方法适用于检测 SF_6 气体绝缘设备中的 SF_6 气体纯度、微水以及 SO_2、H_2S 和 CO 含量。

变压器油（又称绝缘油）是由许多不同分子量的碳氢化合物分子组成的混合物，在高压电气设备中的主要作用为绝缘、散热、灭弧。当充油设备存在放电或热故障时，可以使某些 C-H 键和 C-C 键断裂，形成 H_2 和低分子烃类气体，此外绝缘材料在高于 300℃ 时就会裂解生成水，伴随着大量的 CO 和 CO_2 等特征气体；故障下产生的气体通过在变压器油中的运动、扩散、溶解和交换，传递到充油设备内的各部分。变压器油中溶解气体分析法就是根据油中气体的特性来检测与诊断变压器等充油电气设备内部的潜伏性故障。

SF_6 气体性能稳定，具有优异的绝缘性能，其在均匀电场下的击穿场强约为空气的 3 倍，在 0.3MPa 下的绝缘强度与变压器油的绝缘水平接近。同时，SF_6 气体具有强电负性和优良的热传导效率，使得其电弧开断能力强，在断路器等开关设备中广泛应用。若运行设备出现放电或过热等典型缺陷，会引起 SF_6 气体分解或与其他杂质反应，使得气体的纯度、微水或分解物组分发生变化，通过检测设备中气体状态，可及时发现设备缺陷或故障，确保设备可靠运行。可见，SF_6 气体检测技术通过检测设备中的纯度、微水和分解物组分及含量变化，便于掌握设备运行状态，适用于 SF_6 气体绝缘设备特别是开关设备状态的带电检测。本篇第六章主要介绍 SF_6 气体检测原理、检测仪器的使用及维护、现场检测、故障分析与诊断、典型应用案例分析。

变压器油中溶解气体检测

第一节 检 测 原 理

一、气相色谱法

(一)概述

气相色谱法是一种物理分离方法,它是利用气体混合物中各组分在色谱柱两相间分配系数的差别,当含有各种气体组分的混合物在两相间做相对移动时,各组分在两相间进行多次分配,从而使各组分得到分离的方法。

分离原理是当混合物中各组分在两相间作相对运动时,进行反复多次的分配,由于不同组分的分配系数不一样,在色谱柱中的运行速度就不同,滞留时间也就不一样。分配系数小的组分会较快地流出色谱柱;分配系数愈大的组分就愈易滞留在固定相间,流过色谱柱的速度也就较慢。这样,当流经一定的柱长后,样品中各组分得到了分离。当分离后的各个组分流出色谱柱再进入检测器时,记录仪就描绘出各组分的色谱峰。气相色谱的分离过程如图 5-1 所示。

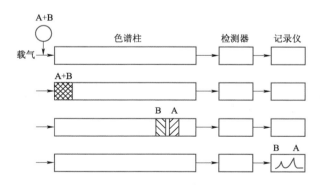

图 5-1 气相色谱的分离过程

(二)检测仪器

气相色谱仪组成如图 5-2 所示,气相色谱仪一般由气路控制系统、进样系统、分离系统(色谱柱和柱箱)、检测器、检测电路、温度控制系统和色谱分析工作站组成。

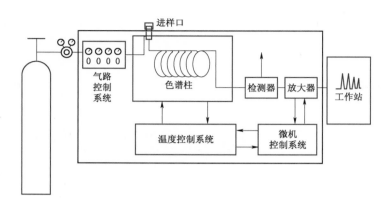

图 5-2　气相色谱仪组成

二、光声光谱法

(一) 概述

光声光谱法是基于光声效应的一种光谱检测技术,光声效应是由气体分子吸收特定波长的电磁辐射(如红外光)所产生。下面以 GE Kelman 的油中气体检测装置的结构为例进行介绍:首先,光源产生的宽带热辐射经过抛物面反射镜聚焦后,通过以恒定速率转动的调制盘产生的频闪效应对其进行频率调制,随后脉冲光投射到一系列滤光片。所有滤光片均为专门设计的高精度光学元件用于透射特定波长的光辐射,具有不易磨损及抗老化的优点。各滤光片仅允许透过一个窄带光谱,其中心频率与预选气体分子的特征吸收频率相对应,入射光脉冲以调制频率反复激发光声池中对应的气体分子,受激的气体分子通过辐射或非辐射方式激退并回到基态;对于非辐射的弛豫过程,密封光声池内气体的吸收能最终转化为分子动能,引起气体局部压力变化,从而在光声池中产生周期性机械压力波动。通过分别安置在光声池两侧微音器就可以探测到气体微小的压力变化。光声光谱装置原理如图 5-3 所示。

(二) 检测仪器

光声光谱仪检测仪主要包括预脱气系统、光路系统、光声池及数据记录与处理系统。光声光谱仪基本结构如图 5-4 所示。

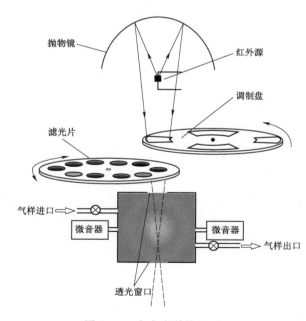

图 5-3　光声光谱装置原理

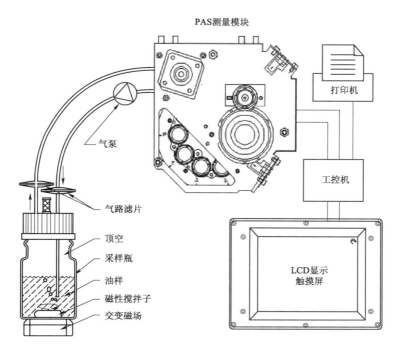

图 5－4　光声光谱仪基本结构

第二节　检测仪器的使用及维护

一、分体式气相色谱仪

分体式气相色谱仪一般由色谱分析仪、脱气装置和辅助装置等组成，采用恒温振荡顶空脱气方式进行油气分离。分体式气相色谱仪整套设备包括色谱仪主机、便携式气源箱、便携式振荡仪和运行在笔记本电脑上色谱分析工作站等组件，其整套设备连接如图 5－5 所示。

图 5－5　便携式变压器油气相色谱仪设备连接图

（1）色谱仪主机：便携式变压器油气相色谱仪主机，采用双柱三检测器，包括两个 FID（氢焰）检测器、一个 TCD（热导）检测器。

（2）便携式气源箱：气源箱包含氮气、氢气/空气发生器、标气及常用配件等。

（3）便携式振荡仪：有三个针管卡槽，一次可完成 A、B、C 三相油样振荡脱气。

（4）色谱分析工作站：检测仪器的状态，并带有专家智能诊断系统。

（一）操作使用

1. 设备现场组装

（1）气路连接：使用 PU 软管分别对应连接主机与气源箱氮、氢、空三路气体。

（2）通信连接：将 USB 通信线的一端连接在主机后面板上，另一端连接电脑的 USB 插口。

（3）振荡仪连接：将振荡仪通信电缆连接到主机。

（4）电源连接：将电脑、主机、电源的电源线一端连接到各自的电源接口。

2. 设备预热稳定

步骤 1：打开主机电源开关、气体发生器电源开关，确保所有设备都已通上电，打开电脑，然后打开氮气瓶上的开关阀，并检查压力。

步骤 2：运行色谱工作站，检查通信是否正常，此时工作站的智能控制功能会启动，自动判断工况，在适宜的时候进行升温、点火、加桥流。

3. 样品前处理（取油振荡）

取待测油样 40mL，并加 5～10mL 平衡气，放入振荡仪中并关上上盖，在工作站上点击振荡仪按钮启动升温到某一恒温点，然后开始自动振荡。

4. 色谱分析诊断

（1）标样分析：点击工作站标样，用配备的 1mL 精密注射器取标气进样，进样后工作站自动启动进行标样分析。可通过检查标样峰高重复性判断色谱仪是否稳定或进样的重复性，具体方法为：连续做标样，观察两次标样峰高偏差在平均值的 ±1.5% 以内色谱仪的重复性良好，标样校正曲线窗口如图 5-6 所示，即可进行样品分析。

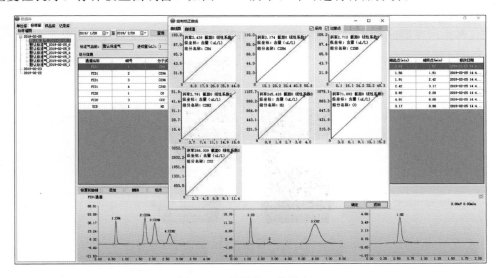

图 5-6　标样校正曲线窗口

（2）样品分析：振荡完成后，使用 5mL 注射器取出样品气。输入相关分析参数信息，取气进样，采集完成后对图谱分析，样品诊断窗口如图 5-7 所示，确认色谱峰无误后进行数据计算和诊断。

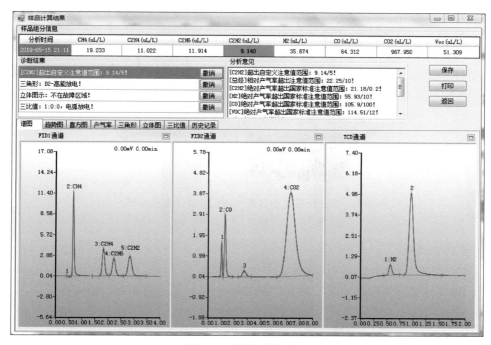

图 5-7 样品诊断窗口

（二）仪器维护和保养

1. 氢气发生器维护

氢气发生器在正常使用时只需及时补充蒸馏水即可。如仪器长期使用氢气纯度下降，建议更换电解液。具体方法：把电解池中残液倒出，再用蒸馏水冲洗两遍，清洗完毕后，加入新的电解液。

2. 氢（空）气发生器变色硅胶更换

当发生器变色硅胶超过 2/3 变色时应及时更换。更换之前，确保发生器的气体压力降为常压，之后将净化管取下，更换新的变色硅胶。更换完成后，安装时务必要拧紧，否则易造成漏气。

3. 注射器试漏检查

注射器要经常检查其气密性是否正常，是否漏气，针头是否堵塞。用废进样胶垫堵住针管的针头，慢慢推动针芯，如果感觉阻力很大不能推到针管底部，且在对针芯施压的情况下保持一定时间后能弹回原来的位置，表明针管及针头连接处不漏气且针管与针芯密封良好。否则，要及时更换针头或给针芯涂抹密封材料。

4. 色谱柱老化

在保证色谱柱通气前提下，将柱箱温度设置到正常使用温度以上 30℃，老化 4h。适当增加载气流量，可以提高老化效率或减少老化时间。

二、全自动气相色谱仪

便携式全自动气相色谱仪将脱气装置集成到了色谱主机中，自动完成进油样、脱气、进气样等，排除了油气分离以及进样过程人工的干预，提高了分析结果的可靠性及操作的简便性，其整套设备连接如图 5-8 所示。

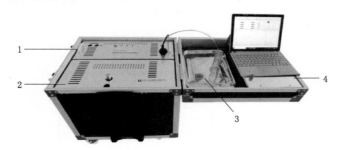

图 5-8　便携式全自动气相色谱仪设备连接图
1—仪器主机；2—气源模块；3—进油托盘；4—操作台

（一）操作使用

1. 设备安装

（1）电源连接：将平板电脑、便携主机的电源线一端连接到各自的电源接口。

（2）通信连接：①使用 USB 线连接：将 USB 通信线的一端连接在主机后面板上，另一端连接到平板电脑的 USB 插口上；②使用 WIFI 连接：将平板电脑的 WIFI 选择为当前主机编号并连接，同时打开虚拟串口软件。

2. 设备预热稳定

步骤 1：打开主机箱电源开关、主机电源开关，打开氮气瓶上的开关阀。

步骤 2：运行色谱工作站，检查通信是否正常，此时工作站的智能控制功能会启动，自动判断工况，在适宜的时候升温、点火、加桥流。

3. 色谱分析诊断

便携式全自动气相色谱仪标样分析及样品分析均为全自动流程。

（1）标样分析：打开标气瓶，点击工作站标样，进样后工作站即自动启动进行标样分析，标样分析结束在弹出窗口点击确定即可。

（2）样品分析：取 80mL 以上待测油样使用合适接头与进油口相连，工作站上点击样品按钮，输入样品信息后点击确定，工作站即自动完成进油、脱气、进样采集和结果计算的整个流程。

（二）仪器维护和保养

与分体式气相色谱仪相同。

三、氦离子法气相色谱仪

氦离子化检测器法原理图如图 5-9 所示。氦离子化检测器（PDHID）是一种灵敏度极高的通用型检测器，采用多阀多柱的中心切割与反吹技术，一次进样即可完成复杂样品的分离。

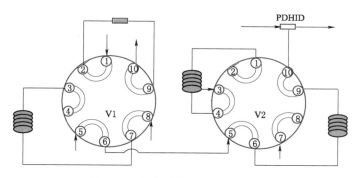

图 5-9　氦离子化检测器法原理图

氦离子化检测器是非放射性检测器，对所有物质均有高灵敏度的正响应，其灵敏度高，可以将极低含量的气体检测出来，检测限较传统三检测器油色谱分析法提高 100～200 倍。氦离子法气相色谱仪见图 5-10，仅需使用高纯氦气，安全性好。

（一）操作使用

1. 开机

（1）打开载气（高纯 He）钢瓶开关，调节减压输出压力至 0.4MPa，让气体通 15min 以上，对仪器气路系统中气体用高纯氦气置换。

（2）打开纯化器电源开关。

（3）打开色谱仪的电源开关，并设定所需条件：①一般柱炉温度设定 60℃；②如果要低含量的氧氩分离，柱炉温度要设更低；③检测器温度设定 150℃；④量程根据需要决定，灵敏度较高时用 9 次方，较低时用 8 次方；⑤打开脉冲高压开关。

图 5-10　氦离子法气相色谱仪

（4）等待仪器稳定。

2. 样品检测

同分体式气相色谱仪。

3. 关机

（1）关闭脉冲高压开关。

（2）关闭气相色谱仪电源开关。

（3）关闭气体纯化器电源开关。

（4）4h 后关闭载气。

（二）维护

氦离子法气相色谱仪属于大型精密仪器，使用者应严格按照仪器操作说明书的要求正确操作、定期维护；建立详细的仪器运行及维护日志，保持仪器的高灵敏度，延长仪器的使用寿命。

（1）建议定期（一周）开机一次。

（2）定期检查气瓶压力是否充足，及时进行充气或者更换操作。

（3）在进针时应尽可能避免针头污染。

（4）电源维护：确认仪器电源插头连接牢固、可靠。确认配电装置的开关处于开通的状态。尽量避免和其他大功率设备共用同一路电源。

（5）外观清洁：如果仪器的外壳需要清洁，可以使用中性清洁剂进行擦拭。

（6）清洁时不要碰到内部电子元件和气路部件。

四、光声光谱仪

光声光谱仪如图 5-11 所示，操作步骤如下：

图 5-11 光声光谱仪

（1）打开设备右上角红色电源开关，进行首次油样分析前应使仪器通电 20min 以便预热，以免气路中可能存有的油蒸汽在温度较低的 PAS 测量模块内凝结。在此期间，可执行"系统吹扫"或抽取油样。

需要进行新的检测时，选取"New Measurement"选项后，将提示输入油样相关信息用于数据存储或检索。根据屏幕，选择油样来源设备的类型。

选择抽取油样的地点信息，如果在数据列表中没有正确的位置信息，点击"Add"或"Edit"添加或更改位置信息，完成后点击"Next"。

（2）根据屏幕提示，依次添加或修改取样地点的充油设备信息、充油设备取样口、生产商、序列号等信息，完成后点击"Next"继续。

完成后屏幕显示样品详情，操作人员需提供油样源详情。

（3）默认为油样，屏幕显示红色，点击"Next"继续。屏幕则显示变压器油种类，根据充油设备的变压器油种类，并点击"Next"继续。屏幕显示变压器油种类，根据充油设备的变压器油种类，并点击"Next"继续。屏幕将显示各气体"默认"的警告限值和报警限值列表。

（4）在添加完全部油样信息到数据库后，屏幕将继续指引操作人员完成测试流程，按照界面上的说明连接取样瓶。

1）将随附的磁力搅拌子放置在干净的采样瓶中。

2）将旋紧瓶盖的采样瓶放置在面板上的瓶槽内。

3）将瓶盖上的温度探头插入面板探头插座内，请注意红点对红点。

4）使用拇指和食指下拉快接母头，将连有快接插头的进气管、回气管插入面板上对应的插座；注意：仪器的进气管和回气管均为单向管路，并且不可以互换。

（5）如果连接正常瓶温度将显示，吹扫时间窗口。仪器准备首先用周围空气进行吹扫，并自动测量油样的零位基准。用户可以选择所需的吹扫时间，通常在 5～10min。默认为 5min，但比较长时间的采用空气"吹扫"采样瓶及整个气路系统，有助于减少上一次检测留有的残余气体对检测的影响。

（6）此刻设备进行排气、吹扫气路和计算空气中的气体浓度。一旦计算完参考零值，就完成了油样被注入到仪器取样瓶前的准备。

遵循以下程序步骤注入油样到采样瓶：

1）将随附的快接插头公头插入注射器。

2）使用大拇指和食指下拉采样瓶瓶盖顶部注油口的快接母头卡簧，将取有样品的针管连接快接公头并插入到采样瓶上的快接母头，听到咔哒声后即表示连接完好，放开卡簧。

3）旋转针管上的塑料三通鲁尔锁，关闭塑料三通侧面，匀速缓慢的推动针管活塞将油注入采样瓶中。只有90s可以完成注射过程。气体分析说明界面上显示一个进度条表示90s的进度，并在界面上显示剩余的时间。在注射期间，每隔5s发出蜂鸣声。

4）完成注油后，取下注射器并点击"Next"。

（7）如果注入样瓶的油温正常，设备自动开始测量油样中的溶解气体及微水。整个测量流程大约需要22min，油样测量完成后，屏幕显示测量结果，包含各溶解气体的浓度值。测试数据将自动保存。

（8）完成后，根据屏幕提示，断开温度传感器、进气出气管，使用吸油布清洁取样瓶。

（9）返回主菜单页面，点击"View Results"查看测量结果。

第三节　现　场　检　测

一、现场样品采集流程方法

（一）取油样

取样部位应注意所取的油样仅能代表油箱本体的油。取样量，对大油量的变压器、电抗器等可为50～80mL，对少油量的设备要尽量少取，以够用为限。

1. 取样容器

应使用密封良好的玻璃注射器取油样。当注射器充有油样时，芯子能按油体积随温度的变化自由滑动，使内外压力平衡。一般使用100mL玻璃注射器。

2. 取样方法

从设备中取油样的全过程应在全密封的状态下进行，油样不得与空气接触。

设备的取样阀门应配上带有小嘴的连接器，在小嘴上连接软管。取样前应排除取样管路中及取样阀门内的空气和"死油"，所用的胶管应尽可能的短，同时用设备本体的油冲洗管路（少油量设备可不进行此步骤）。取抽样时油流应平缓。

（二）取气样

当气体继电器内有气体聚集时，应取气样进行分析。为减少对结果产生影响，必须在尽可能短的时间内取出气样，并尽快进行分析。

（1）应使用密封良好的玻璃注射器取气样。

（2）取气样时应在气体继电器的放气嘴上套一小段乳胶管，乳胶管的另一头接一个小型金属三通阀与注射器连接。

二、操作流程

（一）脱气

由于变压器油分析时所使用的仪器为气相色谱仪或光声光谱仪，要对油中溶解气体进行定量分析，因此首先要将溶解气体从油中分离出，然后再用气相色谱仪或光声光谱仪检测出各气体组分含量，这需要一套完善的脱气系统。

1. 脱气方法

从变压器油中脱气方法很多，目前常用的脱气方法有溶解平衡法和真空法两种。在这两种脱气法中，溶解平衡法以其独特的特点（如操作方便、仪器用品简单、工作介质无毒安全以及准确度高等）被列为对油样脱气的常规方法。

（1）溶解平衡法：溶解平衡法也称顶空脱气法，目前使用的是机械振荡方式，因此也称机械振荡法，其重复性和再现性均能满足试验要求。

（2）真空法：根据取得真空的方法不同，真空法又分为水银托里拆利真空法和机械真空法两种，常用的是机械真空法。

2. 脱气装置

（1）溶解平衡法，恒温定时振荡器：调节恒温定时振荡器的控制温度与设定时间，然后升温至 50℃恒温备用。

（2）真空脱气法，变径活塞泵自动全脱气装置：启动真空泵与变径活塞泵自动全脱气装置。在不进油样的情况下，取气口收集到的洗气量不少于 2.5mL 且不大于 3.5mL，则装置工作正常待用（装置自动连续洗气，补入氮或氩气）。

（二）气体分析

1. 仪器标定

仪器标定一般采用外标定量法，打开标准气钢瓶阀门，吹扫减压阀中的残气，用 1mL 玻璃注射器准确抽取已知各组分浓度 C_{is} 的标准混合气 0.5mL（或 1mL）进样标定，从得到的色图谱上量取各组分的峰面积 A_{is}（或峰高 h_{is}）。

标定仪器应在仪器运行工况稳定且相同的条件下进行，两次相邻标定的重复性应在其平均值的±1.5％以内。每次试验均应标定仪器，至少重复操作两次，取其平均值 A_{is}（或峰高 h_{is}）。

2. 油样分析

用 1mL 玻璃注射器 D 从注射器 A（机械振荡法）或注射器 a（真空—变径活塞泵全脱气法）或气体继电器气体样品中准确抽取样品气 0.5mL（或 1mL），进样分析。从所得色图谱上量取各组分的峰面积 A_i（或峰高 h_i）。重复脱气操作两次，取其平均值 $\overline{A_i}$（或 $\overline{h_i}$）。样品分析应与仪器标定使用同一支进样注射器，取相同进样体积。

3. 结果计算

（1）样品气和油样体积的校正。

按式（5-1）和式（5-2）将在室温、试验压力下平衡的气样体积 V_g 和试油体积 V_l

分别校正为 50℃ 试验压力下的体积：

$$V'_g = V_g \times \frac{323}{273+t} \qquad (5-1)$$

$$V'_l = V_l[1+0.0008\times(50-t)] \qquad (5-2)$$

式中　V'_g——50℃、试验压力下平衡气体体积，mL；

　　　　V_g——室温 t、试验压力下平衡气体体积，mL；

　　　　V'_l——50℃ 时油样体积，mL；

　　　　V_l——室温 t 时所取油样体积，mL；

　　　　t——试验时的室温，℃；

　0.0008——油的热膨胀系数，1/℃。

（2）油中溶解气体各组分浓度的计算。

按式（5-3）计算油中溶解气体各组分的浓度：

$$X_i = 0.929 \times \frac{P}{101.3} \times C_{is} \times \frac{\overline{A_i}}{\overline{A_{is}}} \times \left(K_i + \frac{V'_g}{V'_l}\right) \qquad (5-3)$$

式中　X_i——油中溶解气体 i 组分浓度，μL/L；

　　　　C_{is}——标准气中 i 组分浓度，μL/L；

　　　　$\overline{A_i}$——样品气中 i 组分的平均峰面积，mm²；

　　　　$\overline{A_{is}}$——标准气中 i 组分的平均峰面积，mm²；

　　　　V'_g——50℃、试验压力下平衡气体体积，mL；

　　　　V'_l——50℃ 时的油样体积，mL；

　　　　P——试验时的大气压力，kPa；

　0.929——油样中溶解气体浓度从 50℃ 校正到 20℃ 时的温度校正系数。

式中的 $\overline{A_i}$、$\overline{A_{is}}$ 也可用平均峰高 $\overline{h_i}$、$\overline{h_{is}}$ 代替。50℃ 时国产矿物绝缘油中溶解气体各组分分配系数（K_i）见表 5-1。

表 5-1　　　　　　　　50℃ 时国产矿物绝缘油的气体分配系数（K_i）

氢（H_2）	0.06	一氧化碳（CO）	0.12	乙炔（C_2H_2）	1.02
氧（O_2）	0.17	二氧化碳（CO_2）	0.92	乙烯（C_2H_4）	1.46
氮（N_2）	0.09	甲烷（CH_4）	0.39	乙烷（C_2H_6）	2.3

（三）试验报告编写

试验报告应包含设备主要参数、变压器的负荷、顶层油温、环境温度、湿度、大气压力、样品名称和编号、取样方法及部位、取样时间、测试时间、试验人员、测试结果和分析意见等，备注栏写明其他需要注意的内容。4d 内完成报告填写和传递。

（四）现场检测注意事项

（1）注射器应清洁、干燥、无卡涩，密封性好，针头无堵塞。

（2）进样时要防止油样进入进样口，可在进样前将针头擦一下。

（3）为了使仪器可靠工作和人身安全，仪器外壳必须可靠接地。

（4）混合标准气有效期为一年，不得超期。

（5）开机前，应先通气，再开电源；关机时，应先关电源，再关气源。

（6）进样操作和标定时进样操作一样，做到"三快""三防"。进样气的重复性与标定一样，即重复两次或两次以上的平均偏差应在±1.5％以内。

1）"三快"：进针要快、要准，推针要快，取针要快。

2）"三防"：防漏出样气、防样气失真、防操作条件变化。

（7）要使用标准气对仪器进行标定，注意标气要用进样注射器直接从标气瓶中取气，而不能使用从标气瓶中转移出的标气标定，否则影响标定结果。

（8）进样操作前，只有仪器稳定后，才能进行进样操作。

（9）进油样前，要反复抽推注射器，用空气冲洗注射器，以保证进样的真实性，以防止标气或其他样品气污染注射器，造成定量计算误差。

（10）样品分析应与仪器标定使用同一支进样注射器，取相同体积的样品。

（11）进样前检验注射器密封性能，保证进样注射器和针头密封性，如密封不好应更换针头或注射器。

第四节　故障分析与诊断

一、故障诊断方法

（一）概述

1. 故障下产气的累积性

充油电气设备的潜伏性故障所产生的可燃性气体大部分会溶解于油中。随着故障的持续发展，这些气体在油中不断累积，直至饱和甚至析出气泡。因此，油中故障气体的含量及其累积程度是诊断故障的存在与发展情况的一个依据。

2. 故障下产气的加速性（即产气速率）

正常情况下充油电气设备在热和电场的作用下也会老化分解出少量的可燃性气体，但产气速率很缓慢。当设备内部存在故障时，就会加快这些气体的产生速率。因此，故障气体的产生速率，是诊断故障的存在、大小与发展程度的另一依据。

3. 故障下产气的特征性

变压器内部存在的故障不同，其特征性气体也不同。如火花放电时主要产生 C_2H_2 和 H_2；电弧放电时，除了产生 H_2、C_2H_2 外，总烃量也较突出，局部放电时主要有 H_2 和 CH_4；过热性故障主要是烷烃和烯烃，氢气也较高；高温过热时也会有 C_2H_2 出现。因此，故障下产气的特征性是诊断故障类型的又一依据。

4. 气体的溶解与扩散性

故障产生的气体大部分都会溶解在变压器油中，随着油循环流动和时间推移，气体均匀地分布在油体中（电弧放电产气较快，来不及溶解与扩散，大部分会进入气体继电器中），这样取得的油样具有均匀性、一致性和代表性，这也是溶解气体分析用于诊断故障的重要依据。

（二）故障诊断步骤

对于一个有效的分析结果，应按以下步骤进行诊断：

（1）判断有无故障。

（2）判断故障类型。

（3）诊断故障的状况：如热点温度、故障功率、严重程度、发展趋势以及油中气体的饱和水平和达到气体继电器报警所需的时间等。

（4）提出相应的处理措施：如能否继续运行，继续运行期间的技术安全措施和监视手段（如确定跟踪周期等），或是否需要内部检查修理等。

（三）有无故障分析

依据中华人民共和国国家质量监督检验检疫总局制定、颁发的 GB/T 7252—2016《变压器油中溶解气体分析和判断导则》，根据表 5-2～表 5-4 中的注意值，可以判断相应的充油电气设备是否异常。

表 5-2　　　　　　　　　　　　对出厂和新投运的的设备气体含量的要求

气体组分	气体浓度/(μL/L)		
	变压器和电抗器	互感器	套管
H_2	<10	<50	<150
C_2H_2	0	0	0
总烃	<20	<10	<10

表 5-3　　　　　　　　　运行变压器、电抗器和套管中溶解气体含量的注意值

设　　备	气　体　组　分	浓度/(μL/L)
变压器和电抗器	总烃	150
	C_2H_2	5
	H_2	150
套管	CH_4	100
	C_2H_2	2
	H_2	500

表 5-4　　　　　　　运行电流互感器和电压互感器油中溶解气体含量的注意值

设　　备	气　体　组　分	浓度/(μL/L)
电流互感器	总烃	100
	C_2H_2	2
	H_2	150
电压互感器	CH_4	100
	C_2H_2	3
	H_2	150

根据表 5-5 变压器、电抗器绝对产气速率的注意值中关于绝对产气速率的注意值，

可以判断设备是否有故障。

（1）在设备故障的前提下，如果单纯 H_2 增加，可以初步判断设备内部受潮，建议进行微水分析，以便进一步判断。

（2）如果 C_2H_2/C_2H_4 的值大于 0.1，可以断定是电性故障，否则为热性故障。

（3）在电性故障中，如果 CH_4/H_2 的值小于 1，则可断定是电弧放电，否则是电弧放电兼过热。

（4）在热性故障中，根据 C_2H_4/C_2H_6 的值，可判定是属于低温过热、中温过热还是高温过热。

（5）在电性故障和热性故障中，都可根据 CO/CO_2 的值来判断是否涉及固体绝缘。

表 5 - 5　　　　　　　　　　变压器、电抗器绝对产气速率的注意值

气 体 组 分	绝对产气速率/(mL/d)	
	开放式	隔膜式
总烃	6	12
C_2H_2	0.1	0.2
H_2	5	10
CO	50	100
CO_2	100	200

二、故障类型判断

判断充油电气设备故障类型的方法常见的有四种，其中最常见的是特征气体分析法和三比值判断法。

（一）特征气体分析法

特征气体分析法是通过检测油中特征气体的含量，通过主要气体的含量和次要气体的含量来判断充油电气设备的故障类型。气体分析法比对数据表格见表 5 - 6。

表 5 - 6　　　　　　　　　　气体分析法比对数据表格

故 障 类 型	主 要 气 体	次 要 气 体
油过热	CH_4、C_2H_4	H_2、C_2H_6
油和纸过热	CH_4、C_2H_4、CO、CO_2	H_2、C_2H_6
油、纸中局部放电	H_2、CH_4、CO	C_2H_2、C_2H_6、CO_2
油中火花放电	H_2、C_2H_2	
油中电弧放电	H_2、C_2H_2	CH_4、C_2H_4、C_2H_6
油、纸中电弧放电	H_2、C_2H_2、CO、CO_2	CH_4、C_2H_4、C_2H_6
固体绝缘受热分解	CO、CO_2	

（二）三比值判断法

三比值判断法是指通过实验获取 C_2H_2/C_2H_4、CH_4/H_2、C_2H_4/C_2H_6 三项比值，从

这三项比值的大小和规律来判断充油设备内部存在的故障。三比值判断法中，对应于一定的比值范围，以不同的编码表示出来，利用编码规则判断故障性质和严重程度。比值范围编码表见表 5-7，编码组合参照表见表 5-8。

表 5-7　　　　　　　　　　　　　比值范围编码表

气体比值范围	比值范围的编码		
	C_2H_2/C_2H_4	CH_4/H_2	C_2H_4/C_2H_6
$[-\infty, 0.1)$	0	1	0
$[0.1, 1)$	1	0	0
$[1, 3)$	1	2	1
$[3, +\infty)$	2	2	2

表 5-8　　　　　　　　　　　　　编码组合参照表

编码组合			故障类型判断	故障实例（参考）
C_2H_2/C_2H_4	CH_4/H_2	C_2H_4/C_2H_6		
0 （过热性）		0	1	低温过热（低于150℃）	绝缘导线过热，注意 CO 和 CO_2 的含量，以及 CO_2/CO 的值
	2	0	低温过热（150～300℃）	分接开关接触不良，引线夹件螺丝松动或接头焊接不良，涡流引起铜过热，铁芯漏磁，局部短路，层间绝缘不良，铁芯多点接地等
	2	1	中温过热（300～700℃）	
	0, 1, 2	2	高温过热（高于700℃）	
	1	0	局部放电	高温度、高含气量引起油中低能量密度的局部放电
1 （放电性）	0, 1	0, 1, 2	低能放电	引线对电位未固定的部件之间连续火花放电，分接抽头引线和油隙闪络，不同电位之间的油中火花放电或悬浮电位之间的火花放电
	2	0, 1, 2	低能放电兼过热	
2 （严重放电性）	0, 1	0, 1, 2	电弧放电	线圈匝间、层间短路，相间闪络、分接头引线间油隙闪络、引线对箱壳放电、线圈熔断、分接开关分弧、因环路电流引起电弧、引线对其他接地体放电等
	2	0, 1, 2	电弧放电兼过热	

（三）气体含量变化分析法

（1）H_2 变化。任何热和电方面的故障都会生成 H_2，温度越高，H_2 与总烃的比例越低，但绝对值越高。高、中温故障 H_2 与总烃比例一般在 27% 左右。

（2）C_2H_2 变化。当有电弧放电时，C_2H_2 一般占总烃的 20%～70%。C_2H_2 超标且增长速率较快，可能有高能量放电。

（3）CH_4、C_2H_4 变化。热性故障时两者之和一般可占总烃的 80% 以上，温度越高，C_2H_4 的比例也增加。

（4）CO、CO_2 变化。变压器中 CO 的正常值约为 800 $\mu L/L$。CO 和 CO_2 气体含量的变

化反映了设备内部绝缘材料老化或故障。因此要重视 CO 和 CO_2 的变化。

（四）气体含量比值分析法（当总烃超过注意值时）

（1）C_2H_2/C_2H_4，小于 0.1 时为过热故障，大于等于 0.1 时为放电故障；

（2）C_2H_4/C_2H_6，小于 1 时为低温过热故障，大于等于 1 小于 3 时为中温过热故障，大于等于 3 时为高温过热故障。

如果是导电回路的故障，可能同时存在 C_2H_2，并且 C_2H_4/C_2H_6 比值较高。

如果是磁路故障，一般无 C_2H_2 存在，同时 C_2H_4/C_2H_6 比值也较低。

（3）CH_4/H_2，小于 1 时为放电故障，大于等于 1 时为放电兼过热故障。

（4）CO/CO_2，大于 0.33 或小于 0.09 时表明有纤维材料分解。这项比值亦可用 CO_2/CO 判断，大于 7 时表明有纤维材料老化分解，小于 3 时表明故障时有固体绝缘材料参与，故障温度高于 200℃。

（5）C_2H_2/H_2，用于判断变压器有载开关是否存在内部渗漏，当比值大于 2 时，一般认为有载开关可能存在内部渗漏。

三、故障程度分析

（一）根据产气速率及总烃含量判断法

故障发展趋势通常是通过产气速率判断的，同时产气速率还代表着故障的严重程度。产气速率有两个标准，绝对产气速率和相对产气速率，由于绝对产气速率能够较好地放映出故障发展程度和性质，不论纵向（历史数据）、横向（同类产品）都有较好的可比性，因此一般采用绝对产气速率来判断比较准确。

1. 绝对产气速率

$$r_a = \frac{C_{i2} - C_{i1}}{\Delta t} \times \frac{m}{\rho} \qquad (5-4)$$

式中　r_a——绝对产气速率，mL/d；

$\quad\quad C_{i2}$——第二次取样，μL/L；

$\quad\quad C_{i1}$——第一次取样，μL/L；

$\quad\quad \Delta t$——取样间隔时间，d；

$\quad\quad m$——总油量，t；

$\quad\quad \rho$——油密度 t/m^3，一般取 0.85。

绝对产气速率与故障程度关系见表 5-9。

表 5-9　　　　　　　　　　绝对产气速率与故障程度关系

绝对产气速率/(mL/d)	故 障 程 度	绝对产气速率/(mL/d)	故 障 程 度
≥10	带有烧伤痕迹	>1	过热
>5	严重过热，但未损坏绝缘		

2. 相对产气速率

$$r_r = \frac{C_{i2} - C_{i1}}{C_{i1}} \times \frac{1}{\Delta t} \times 100\% \qquad (5-5)$$

式中 γ_r——相对产气速率,%/月;

$\quad C_{i2}$——第二次取样测得油中某气体浓度,$\mu L/L$;

$\quad C_{i1}$——第一次取样测得油中某气体浓度,$\mu L/L$;

$\quad \Delta t$——二次取样时间间隔中的实际运行时间,月。

应用绝对产气速率要求的元素和条件较多,采用相对产气速率会更方便。相对产气速率大于 10%/月时,应引起注意。

3. 总烃含量判断法

(1)总烃绝对值小于注意值,总烃产气速率小于注意值,变压器正常。

(2)总烃绝对值大于注意值,不超过 3 倍,产气速率小于注意值,变压器有故障,但发展缓慢,可继续坚持运行。

(3)总烃绝对值大于注意值,不超过 3 倍,总烃产气速率为注意值的 1~2 倍,则变压器有故障,应缩短测试周期,可继续监视运行,密切注意发展。

(4)总烃绝对值大于注意值 3 倍,产气速率大于注意值 3 倍,变压器有严重故障,发展迅速,应采取措施或安排检修。

(二)根据总烃变化判断趋势

充油设备内部存在故障,总烃含量的变化有两类:一种是与时间大致成正比增长关系,表明故障已然形成并长期存在,应视为较严重的故障;另一种是总烃值不随时间变化,出现时增时减的现象,说明内部可能存在间断性故障,如铁心间断性多点接地等,出现这种情况一般可继续监视运行。

(三)应用 T-D 图法判断故障发展趋势

设备内部存在高温故障和放电性故障时,绝大多数情况下 C_2H_4/C_2H_6 大于 3,编码为 2,这时可以 CH_4/H_2 为纵轴,C_2H_2/C_2H_4 为横轴,即构成了 T(热)-D(放电)如图 5-12 所示。应用 T-D 图能迅速判断故障性质,也能非常直观地反映出故障的发展趋势和严重程度。

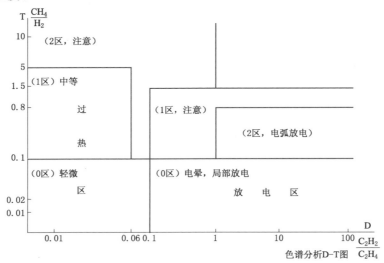

图 5-12 T-D 图

四、故障位置判断

故障发展趋势判断方法能知道变压器故障程度或发热点温度范围，但却不知道故障的部位，即故障发生的部位是磁回路还是导电回路。

利用总烃含量与电压平方或电流平方成正比的关系，能较准确地判断过热回路的故障部位，称为总烃伏安法。

按运行日志提供的电压、负荷电流数据，计算出每日或一定时间间隔的变压器电源电压和电流平均值，以时间为横轴，做出电压、电流曲线，再将连续监测的总烃曲线绘于图中，对三条曲线进行比较。

（1）总烃随电压升高而上升，为磁回路故障。

（2）总烃随电流升高而上升，为导电回路故障。

第五节　案　例　分　析

某主变压器型号为 SFSZL7-20000/11，投运 14 年后在油中检测到了 C_2H_2 并超过注意值 $5\mu L/L$，此前 C_2H_2 含量为零，随后进行了两次色谱跟踪试验。试验结果见表 5-10 主变压器油色谱分析结果，同时对设备进行各项电气试验，结果均无异常，红外测温结果也表明该主变压器的温度在正常范围内。

表 5-10　　　　　　　　　　　　主变压器油色谱分析结果　　　　　　　　　单位：$\mu L/L$

次数	H_2	CO	CO_2	CH_4	C_2H_4	C_2H_6	C_2H_2	总烃
第1次	12.1	966	7021	8.6	17.0	2.5	5.2	33.3
第2次	12.7	1245	7314	10.7	16.9	3.1	5.5	36.2
第3次	13.4	1272	7522	14.1	17.2	3.2	5.6	40.1

从油中故障气体特征看，似乎设备内部存在放电故障（三比值法的编码组合为 102，属于电弧放电）。但在 3 次测试期间，油中的故障气体并无明显增长，与设备内部存在故障时的高产气速率明显不同。通过观察发现，原本变压器本体储油柜油位高于有载开关储油柜油位，但此时两个储油柜的油位已处于同一高度。为验证这一点，特放掉有载开关储油柜中的部分油，使两个储油柜的油位有了高度差，一个月后发现两个储油柜的油位又处于同一高度，这说明有载开关油室与本体主油箱相通。

对该变压器进行了吊罩检查，在变压器内部未发现任何放电痕迹，发现有载开关油室与本体有几处相通；切换开关油室底部与快速机构相连的主轴处渗漏严重；绝缘筒壁上，用于安装固定法兰的 6 个螺栓连接处渗漏；切换油室底部 6 条引线密封处渗漏严重。因此，本案例为典型非故障原因引起的特征气体增高。

电气设备中 SF_6 气体检测

第一节 检 测 原 理

一、纯度检测

（一）常用检测方法

SF_6 气体纯度的主要检测方法为：热导传感器法、气相色谱法、红外光谱法、电子捕捉原理、声速测量原理和高压击穿法等，应用较多的是热导传感器检测法。

（二）热导传感器检测法

纯净气体混入杂质气体（空气）后，或混合气体中的某个组分的气体含量发生变化，必然会引起混合气体的导热系数发生变化，通过检测气体的导热系数的变化，便可准确计算出两种气体的混合比例，实现对 SF_6 气体纯度的检测。

目前，大多采用热导传感器检测 SF_6 气体纯度，其结构如图 6-1 所示，主要由参考池腔和测量池腔组成。

检测原理：传感器内置电阻，该电阻中经过电流时，产生的热量可通过电阻周围的气体传导出去，从而使电阻的温度降低。该电阻是热敏元件，温度的变化会使电阻值发生变化，使电桥失衡在信号输出端 E_0 产生电压差。输出的电压值与电阻周围气体的导热系数呈对应关系，根据电压值得到 SF_6 气体的含量。

（三）控制指标

按照 GB/T 12022—2014《工业六氟化硫》和 Q/GDW 11644—2016《SF_6 气体纯度带电检测技术现场应用导则》的要求，SF_6 新气和运行设备中 SF_6 气体纯度的控制指标列于表 6-1。

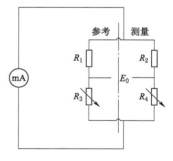

图 6-1　热导传感器的结构与检测原理示意

表 6-1　SF_6 气体纯度控制指标

项 目 名 称	新气（质量分数）/%	运 行 设 备	
		质量分数/%	体积分数/%
控制值	≥99.9	≥99.4	≥97

二、湿度（微水）检测

（一）常用检测方法

SF_6 气体中微水的常用检测方法主要有：露点法、阻容传感器法、电解法和质量法等，其中露点法和阻容传感器法应用较广。

（二）露点检测法

露点检测法是用等压冷却的方法使被测气体中的水蒸气在露层传感器（冷镜或声表面波器件）表面与水的平展表面呈热力学相平衡状态，测量此时的温度，从而获得气体的露点温度。镜面法用冷堆制冷，用激光监测相平衡状态，用温度传感器直接测量镜面温度，即为露点。根据露点的定义测量气体中微水，精度高，稳定性好。

冷镜面式核心模组结构如图 6-2 所示，一般由光源发射与接收端、PT100 温度传感器、帕尔贴制冷器等部件组成。

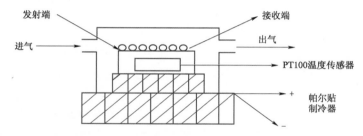

图 6-2　冷镜面式核心模组结构示意图

检测原理：有气流通过时，检测仪启动帕尔贴制冷器制冷，当温度降低到一定温度时，SF_6 气体中的水分在镜面上结露或结霜，此时通过镜面的反射光线强度发生变化，接收端信号随之也发生变化，此时温度传感器采集到的温度即为本次测量样气的露（霜）点温度。

（三）阻容传感器检测法

根据传感器吸湿后电阻电容的变化量计算出微水含量。当水分进入传感器微孔后，使其电性能发生改变，产生变化的电信号。利用标准湿度发生器产生定量水分来标定电信号——露点温度关系工作曲线，根据对在待测气体中传感器测量的电信号来转换确定气体的湿度。

阻容式湿敏传感器由高分子薄膜制成的，该材料是一种高分子聚合物，湿敏感电容传感器基本结构如图 6-3 所示，其由上电极、湿敏材料即高分子薄膜、下电极、玻璃底衬几部分组成。

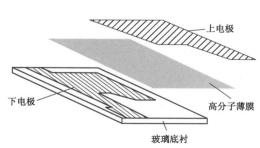

图 6-3　湿敏感电容传感器结构

检测原理：不同湿度的气体进入传感器时，传感器腔体内的气体介电常数发生变化，两个电极之间的电容随之发生变化，电极之间的容值通过一系列的计算反映出不同的水分含量，即露（霜）点温度。一般情况下，0℃以上为露点温度，0℃以下为霜点温度。

（四）控制指标

按照 GB/T 12022—2014《工业六氟化硫》和 GB/T 8905—2012《六氟化硫电气设备中气体管理和检测导则》的要求，SF₆新气、交接验收、运行设备中不同气室 SF₆ 气体湿度的控制指标列于表6-2。

表6-2　　　　　　　　　SF₆气体湿度控制指标（20℃）

气 室	新气 （质量分数）/10^{-6}	交接验收 （体积分数）/10^{-6}	运行设备 （体积分数）/10^{-6}
灭弧气室	≤5	≤150	≤300
非灭弧气室		≤250	≤500

三、分解物检测

（一）常用检测方法

SF₆气体分解物的常用检测方法主要有：气相色谱法（气相色谱——质谱联用法）、电化学传感器法、红外光谱法和气体检测管法等，其中气相色谱法和电化学传感器法得到了广泛应用。

（二）气相色谱检测法

以惰性气体（载气）为流动相，以固体吸附剂或涂渍有固定液的固体载体为固定相的柱色谱分离技术，配合检测器（TCD＋FPD、PDD等），检测被测气体中的各组分含量。

气相色谱检测系统主要由进样系统、温控系统、色谱柱系统和数据处理系统构成，如图6-4所示。目前，用于检测 SF₆ 气体分解物的气相色谱仪主要有两种检测器配置：①TCD与FPD并联配置，可检测 SF₆ 气体中的 SO_2、SOF_2、H_2S、空气，CO_2、CF_4 和 C_3F_8 等组分；②双 PDD 配置，可检测 O_2、N_2、CO、CF_4、CO_2、C_2F_6、SO_2F_2、H_2S、C_3F_8、COS、SOF_2、SO_2 和 CS_2 等十余种组分。

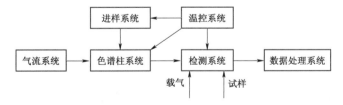

图6-4　气相色谱检测系统组成

（三）电化学传感器检测法

根据被测气体中的不同组分改变电化学传感器输出的电信号，从而确定被测气体中的组分及其含量。

电化学气体传感器是将一个电极固定于电解质中作为对比电极，另一个电极测量待测气体在电极表面上的电位，基于两电极之间的化学电位差来检测气体，如图6-5电化学传感器检测原理示意所示。电化学传感器在检测 SF_6 气体分解物时,受其自身特性影响,不同气体间的交叉干扰、环境温度及零点漂移等都会对检测结果造成影响。

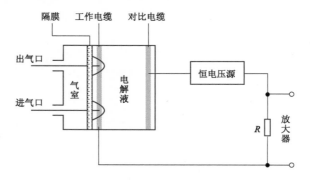

图 6-5 电化学传感器检测原理示意

电化学传感器法具有检测速度快、操作简单、易实现等优势,且其携带方便,便于现场检测。目前该方法已成为现场检测的主要手段,用于检测 SF_6 气体分解物中 SO_2、H_2S 和 CO 含量,为诊断 SF_6 电气设备缺陷或故障提供了依据。

(四)控制指标

按照 DL/T 1359—2014《六氟化硫电气设备故障气体分析和判断方法》的要求,运行设备中 SF_6 气体分解物的控制指标列于表 6-3。

表 6-3 SF_6 气体分解物控制指标

指 标	SO_2	H_2S
控制值(体积分数)/10^{-6}	<3	<2

第二节   检测仪器的使用及维护

一、检测仪器的基本结构

SF_6 气体纯度、湿度和分解物检测仪器的基本结构类似,主要包括纯度检测单元、湿度检测单元、分解物检测单元、气路系统、信号采集、处理及显示单元等部分,检测仪结构见图 6-6 SF_6 气体检测仪结构框图。

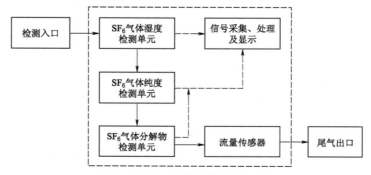

图 6-6 SF_6 气体检测仪结构框图

每个检测单元的结构类似，一般由流量调节阀、传感器检测、信号采集处理及显示等单元组成，见图 6-7 SF$_6$ 气体检测仪内部构成示意。

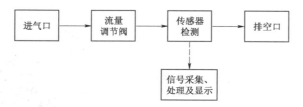

图 6-7　SF$_6$ 气体检测仪内部构成示意

二、检测仪器的使用与操作

SF$_6$ 气体检测仪器为便携式仪器，采用人机交互方式，包括触摸屏、按键、旋转编码器等，具体操作可参考各厂家仪器使用说明书。主要操作步骤如下：

步骤 1：开机检查

按下电源开关（POWER 键），绿色指示灯亮，显示欢迎界面并进入测量主界面，图 6-8 为典型的主界面示例。

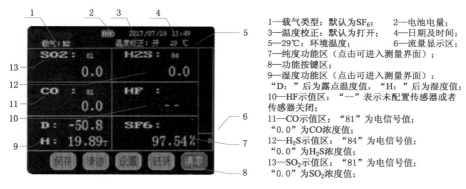

1—载气类型：默认为 SF$_6$；　　2—电池电量；
3—温度校正：默认为打开；　4—日期及时间；
5—29℃：环境温度显示区；　6—流量显示区；
7—纯度功能区（点击可进入测量界面）；
8—功能按键区；
9—湿度功能区（点击可进入测量界面）：
　"D："后为露点温度值，"H："后为湿度值；
10—HF 示值区："—"表示未配置传感器或者传感器关闭；
11—CO 示值区："81"为电信号值，
　"0.0"为 CO 浓度值；
12—H$_2$S 示值区："84"为电信号值，
　"0.0"为 H$_2$S 浓度值；
13—SO$_2$ 示值区："81"为电信号值，
　"0.0"为 SO$_2$ 浓度值；

图 6-8　主界面

步骤 2：预热

开机后，预热 5min 倒计时，仪器的测量传感器自动被激活，可进行下一步操作。

步骤 3：冲洗清零

开始测试前或检测到高浓度杂质气体后，需要用与被测绝缘气体相同的高纯瓶气对仪器进行冲洗置换，然后对仪器进行置零处理。

1. 冲洗置换

（1）连接冲洗管路：取下取样管封盖，顺时针旋转流量针阀 A 至关闭状态，然后按图 6-9 所示依次连接取样管路 B、减压阀专用转换接头 C 及减压阀出气口 D，再将减压阀进气端 E 连接至高纯 SF$_6$ 钢瓶，用合适的扳手紧固，确保各接头紧密连接；打开钢瓶阀门，调节减压阀输出压力至 0.2～0.3MPa。

（2）连接仪器：按图 6-10 冲洗管路连接仪器示意所示，握住流量针阀 A，将快插母头 F 对准仪器快插公头 G 稍用力往里推，听见清脆的"咔嚓"声即表示已经连接锁定。

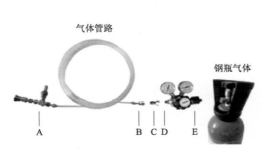

图 6-9　冲洗管路连接示意

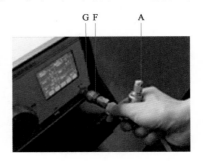

图 6-10　冲洗管路连接仪器示意

（3）连接仪器排气口：按图 6-11 仪器排气口连接示意所示，将仪器专用排空管一端插入"排空管插口"，另一端连接尾气回收袋，将仪器自带的接地线一端接地连接接地端子。

图 6-11　仪器排气口连接示意

（4）冲洗连接管路和仪器：缓慢旋转流量针阀 A，观察流量示值增长，使流量最终稳定在仪器说明书要求的流量范围，冲洗不少于 5min。

2. 仪器置零

（1）冲洗 5min 后，对于有清零要求的仪器，需点击"清零"键——"SF$_6$"键，如图 6-12 界面所示，冲洗结束，进行仪器置零。

（2）取下连接快插，关闭钢瓶阀门和减压阀，拆卸上述取样管路 B、减压阀专用转换接头 C（收存）。

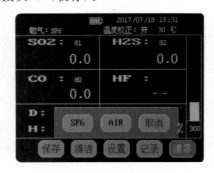

图 6-12　仪器清零界面

步骤 4：连接仪器和管路

将仪器和管路连接设备的示意见图 6-13 测量仪器和管路连接示意图。

（1）按图 6-14 测量管路连接示意图所示方法将转换接头 J 与取样管路 B 连接，选取与待测电气设备取气接口匹配的取气接头 I，并与转换接头 J 连接，用合适的扳手紧固，确保各接头紧密连接。

（2）将取气接头 I 与电气设备取气口接头对接拧紧。

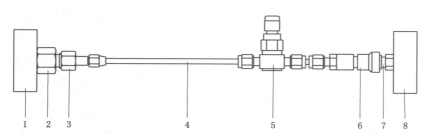

图 6-13 测量仪器和管路连接示意图

1—设备待测气源；2—取气接头；3—转换接头；4—取样管路；5—流量针阀；
6—快插接头（母头）；7—快插接头（公头）；8—SF₆气体检测仪器

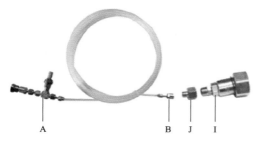

图 6-14 测量管路连接示意图

（3）用高灵敏度检漏仪（便携式 SF₆ 检漏仪）检查管路连接气密性，确认各接头连接处不漏气。

（4）确认流量针阀 A 处于关闭状态，连接取样管路至检测仪，确认排空管与尾气回收袋连接完好。

步骤 5：气体检测

1. 纯度检测

点击主界面，进入纯度测量界面，显示纯度——时间曲线，如图 6-15 所示，纵坐标为纯度（%），横坐标为时间（s），"质量比"表示当前显示为 SF₆所占的质量百分比（点击"质量比"可切换为体积比显示，反之亦然）。

测量界面显示的纯度曲线平滑，示值稳定，可读取纯度值。图 6-15 为典型检测结果，纯度质量比为 95.89%，换算体积比为 81.64%。

2. 湿度检测

点击主界面进入湿度测量界面，显示露点—时间曲线，如图 6-16 所示，纵坐标为温度（℃），横坐标为时间（s），"T"为露点温度，"H"为湿度；湿度曲线平滑，温度示值与湿度值稳定，可读取湿度值。图 6-16 显示露点值为 -50.8℃，折算后的湿度为 19.89μL/L（前下标"T"表示该值为折算到标准条件下的湿度值）。

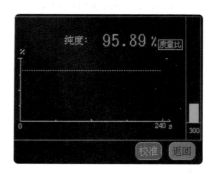

图 6-15 典型检测结果

3. 分解物检测

参照步骤 3→2，使流量稳定在说明书要求范围内，仪器自动测量分解物浓度，3min 左右示值趋于稳定，即可读数。

图 6-17 为检测结果示例：SO₂浓度为 9.6μL/L，CO 浓度为 21.3μL/L，H₂S 浓度为 10.3μL/L。

101

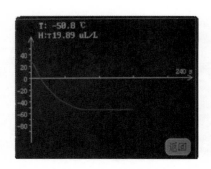

图 6-16　露点—时间曲线

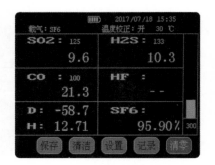

图 6-17　检测结果

步骤 6：拆卸取气接头和快插接头

从电气设备取气口拆卸取气接头 I。参照步骤 3→1→2，拆取快插接头 F。如果需继续测量其他气室，重复步骤 4～步骤 6。

步骤 7：结束/整理

（1）测量完毕后，拆卸取样管路，盖上取样管端头封盖。

（2）对 SF_6 气体分解物传感器进行清洁处理：点击"清洁"键（"清洁"键即变为"停止"键），仪器开始自动清洁，建议清洁时长为 10min。

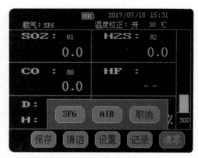

图 6-18　仪器终止清洁界面

（3）清洁开始后，前 3min 为强制清洁阶段，不可人工干预；3min 后，若各测量示值很低或为零，可顺次点击"停止""确认"，终止清洁，显示如图 6-18 所示。

（4）关闭主机电源。

（5）拆去排空管，用大拇指和食指向仪器后面板方向用力顶，其他手指紧握排空管用力往后拽，取下排空管，尾气袋应按要求回收处理。

（6）整理主机、管路，接头等装箱处理。

三、检测仪器的维护

SF_6 气体纯度、湿度和分解物检测仪器为精密设备，为保证其工作可靠，性能稳定，应定期进行维护。

（1）测试过程中，若 SO_2 或者 H_2S 浓度高于 $80\mu L/L$，应该快速拔掉快插接头，仪器将自动启动清洁功能。此时不可强行继续测试，否则会对传感器造成不可逆的损伤（拆卸取样管路后应用高纯 SF_6 瓶气冲洗管路方可进行其他气室的测试，或者收存）。

（2）当日首次测试前必须进行冲洗清零操作以达到最佳测量效果，每日测量结束关机前必须进行清洁操作以延长仪器使用寿命。

（3）镜面法湿度检测仪的镜面清洁。在光能量严重偏低时（<80%），有必要检查露点室并进行清洁处理。在不通气体的情况下，逆时针旋开露点室压紧盖，取下探头，用脱脂棉或棉签蘸无水乙醇，轻轻擦拭镜面及露点室内表面，可用洁净气体吹去灰尘（禁止用嘴吹）。清洁完毕装上探头，旋紧露点室压紧盖。

（4）阻容法湿度检测仪的保养。仪器的干燥模块应定期进行恢复，具体方法为：将湿度切换钮调至"恢复"档，通入 99.999％的高纯 N_2，冲洗仪器 30～60min，然后将湿度切换钮调至"保存"档，保存仪器即可。

第三节 现 场 检 测

一、检测流程

在 SF_6 电气设备正常运行情况或故障时，使用 SF_6 气体检测仪从充气口取样进行气体检测，气体现场检测示意图如图 6-19 所示，并以此作为指导设备运行的依据。

图 6-19 SF_6 气体现场检测示意图

对于典型的 SF_6 气体绝缘设备，如 SF_6 断路器、气体绝缘开关设备（GIS）、气体绝缘输电线路（GIL）等，开展 SF_6 气体纯度、湿度和分解物现场检测的流程基本一致。

（一）检测准备

（1）检测仪具有检测 SF_6 气体纯度、湿度或分解物的功能，且附带有效校验或测试报告。

（2）检查仪器完整性，确认仪器能正常工作，保证仪器电量充足或者现场交流电源满足仪器使用要求。

（3）检测前后，确认被测设备中 SF_6 气体气压满足运行要求。

（4）测量管路宜用聚四氟乙烯管，壁厚不小于 1mm，内径为 2～4mm，管道应无破损，内壁应光滑清洁。

（5）测量管路长度一般不超过 6m。

（6）检查设备取样接头，对取样接头进行清理，确定没有灰尘或凝结物排出。

（二）检测步骤

（1）记录测试现场的环境温度、湿度、压力，抄录被试设备铭牌。

（2）启动仪器：打开仪器电源，仪器进入预热准备测量状态。

（3）仪器置零与校准（视仪器要求操作）：使用取样管路将 SF_6 纯气钢瓶与仪器进气口连接，调节两级减压阀使输出压力在 0.2～0.3MPa，接入尾气管和回收袋，用高纯 SF_6 气体冲洗检测仪，直至仪器示值稳定在零点漂移值以下，对有软件置零功能的仪器进行置零。

（4）检测仪的流量调节阀旋至最小位置，即关闭流量。

（5）设备取样连接：用取样管路接口连接检测仪与设备取样接头，采用导入式取样方法。检测用气体管路不宜超过 5m，保证接头匹配、密封性好，不得发生气体泄漏现象。使用 SF_6 检测检漏仪检查管路的连接是否有泄漏。

（6）按照检测仪操作使用说明书调节气体流量进行检测，根据取样气体管路的长度，先用设备中气体充分吹扫取样管路中的气体。检测过程中所保持检测流量的稳定，并随时注意观察设备气体压力，防止气体压力异常下降。

（7）根据检测仪操作使用说明书的要求判定检测结束时间，记录检测结果。重复检测两次。

（8）检测 SF_6 分解物过程中，若检测到 SO_2 或 H_2S 气体含量大于 $10\mu L/L$ 时，应在本次检测结束后立即用 SF_6 新气对检测仪进行吹扫，至仪器示值为零。

（9）检测完毕后，关闭设备的取气阀门，恢复设备至检测前状态，用 SF_6 气体检漏仪进行检测，如发生气体泄漏，应及时维护处理。

（10）检测工作结束后，按照检测仪操作使用说明书对检测仪进行维护。

二、注意事项与安全防护

（1）SF_6 电气设备气体压力在正常压力范围内，且在 SF_6 电气设备上无其他外部作业。

（2）进行室外检测应再良好的天气下进行，如遇雷、雨、雪、雾等天气不得在室外进行该项工作，风力大于 5 级时，不宜再室外进行该项工作。

（3）设备充入 SF_6 气体 24h 后进行检测，灭弧气室应在设备正常开断 48h 后进行检测。

（4）工作人员进入 SF_6 配电装置室，入口处若无 SF_6 气体含量显示器，应先通风 15min，并用检漏仪测量空气中 SF_6 气体含量合格。

（5）应确保操作人员及测试仪器与设备的高电压部分保持足够的安全距离。

（6）检测时，应认真检查气体管路、检测仪器与设备的连接，防止气体泄漏，必要时检测人员应佩戴防护用具。

（7）在检测过程中，应严格遵守操作规程，防止气体压力突变造成气体管路和检测仪损坏，须监控设备内的压力变化，避免因 SF_6 气体检测造成设备压力的剧烈变化。

（8）气体检测过程中，应对排放气体进行回收处理。

第四节　故障分析与诊断

一、气体不合格原因

（一）气体纯度不够

运行电气设备中的 SF_6 气体含有若干种杂质，其中部分来自 SF_6 新气（在合成制备过程中残存的杂质和在加压充装过程中混入的杂质），部分来自设备运行和故障过程中。表 6-4 列出了 SF_6 气体中主要的杂质及其来源。

表 6 - 4　　　　　　　　　　　　　SF₆ 气体主要杂质及其来源

使用状态	杂质来源	杂 质 成 分
SF₆ 新气	生产过程中产生	空气（Air），矿物油（Oil），H_2O，CF_4，可水解氟化物，HF，氟烷烃
检修和运行维护	泄漏和吸附能力差	Air，Oil，H_2O
开关设备	电弧放电	H_2O，CF_4，HF，SO_2，SOF_2，SOF_4，SO_2F_2，SF_4，AlF_3，CuF_2，WO_3
	机械磨损	金属粉尘，微粒
内部电弧放电（故障）	材料的熔化和分解	Air，H_2O，CF_4，HF，SO_2，SOF_2，SOF_4，SO_2F_2，SF_4，金属粉尘，微粒，AlF_3，CuF_2，WO_3，FeF_3
设备绝缘缺陷	局部放电：电晕和火花	HF，SO_2，SOF_2，SOF_4，SO_2F_2
安装、充补气	设备气体置换不彻底、管道残留	空气，N_2

（二）气体微水超标

SF₆ 气体的微水与本身的气源、设备安装、设备检修、设备补气、设备质量、吸附剂等因素有关。

1. 设备绝缘材料的影响

设备气室内壁采用的是环氧树脂材料，气室解体检修时，水分吸附在环氧树脂上，随着温度的变化，在材料和气体间不断平衡，对这些水分采用短时抽真空很难全部排除，影响气体微水含量。设备安装与设备检修中，暴露的设备零部件带入水分；安装与检修后抽真空不规范也会带入水分。

2. 充气过程中带入水分

SF₆ 气体在高压的状态下，以液体形态存于气瓶内，当进行设备充气时，液体转化气体使充气管道接头表面附着大量水分；充气管道、连接头等在充气前未充洗干净，吸附少量水分；充气管路中残留空气，空气里含有水分，这些水分都会通过充气过程中带入设备。

3. 设备质量影响

设备质量问题，导致密封不良、接头松动，造成设备漏气，在水汽内外压差作用下，大气中的水蒸气通过漏气点渗入水分，时间越长，空气湿度越大，渗入的水分越多。设备检修过程中密封圈损坏最常见，密封圈使用时间过长，材料老化，导致密封不良，水分渗入气室内。

4. 吸附剂带入水分

气室内部的吸附剂不断吸附气室内的水分，吸附剂使用时间过长，吸收水分太多，吸附剂会出现饱和现象。安装吸附剂前，未对吸附剂彻底干燥，吸附剂含有水分；其次吸附剂在使用过程中，其吸附的水分和气室中气体含水量是一个随着温度变化的动平衡，温度升高吸附剂中水分会释放到气体中。以上因素影响设备气室 SF₆ 气体中水分含量。

（三）气体分解物异常

SF₆ 电气设备内部出现缺陷或发生故障时，因故障区域的放电及高温产生大量的 SF₆

气体分解物，SF_6 气体分解和反应过程如图 6-20 所示。检测 SF_6 气体分解物及含量，对预防可能发生的 SF_6 电气设备故障及快速判断设备故障、部位具有重要意义。

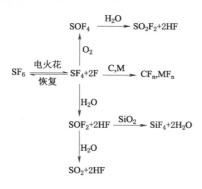

图 6-20　SF_6 气体分解和反应过程

1. 放电产物

（1）在电弧放电作用下，产生的 SF_6 气体分解物主要有 SOF_2、SO_2、H_2S 及 HF 等。

（2）在火花放电中，形成的 SF_6 气体分解物主要是：SOF_2、SO_2F_2、SO_2、H_2S 及 HF 等，与电弧放电相比，SO_2F_2/SOF_2 比值有所增加，能够检测到 S_2F_{10} 或 S_2OF_{10} 组分。

（3）电晕放电产生的主要 SF_6 气体分解物为：SOF_2、SO_2F_2、SO_2 及 HF 等，SO_2F_2/SOF_2 比值较前两种放电下的比值更高。

不同放电下产生的 SF_6 气体分解物种类大体相同，当存在固体绝缘材料时，放电区域还会产生 CF_4、CO 及 CO_2 等分解气体。

2. 过热分解物

设备运行出现异常过热时，在水分、氧气作用下，SF_6 气体分解物主要有 SOF_2、SO_2F_2、SO_2、HF 等，随温度增加会加剧 SF_6 气体分解，温度达到一定程度（360℃）会生成 H_2S 气体。

二、设备典型缺陷分析

（一）典型缺陷的气体分解物

通过统计分析大量的 SF_6 断路器、互感器和 GIS 的故障实例，SF_6 电气设备内部常见的故障部类型与分解产物的特征组分关系，分为以下几种：

1. 导电金属对地放电——特征组分为 SO_2、H_2S 和 CO

这类故障主要表现在 SF_6 气体中存在导电颗粒和绝缘子、拉杆绝缘老化、气泡、表面污染等引起导电回路对地放电。这种放电性故障能量大，能产生大量的 SO_2、SOF_2、H_2S、HF 和 CO。

2. 悬浮电位放电——特征组分为 SO_2、H_2S

这类故障通常表现在断路器动触头与绝缘拉杆间的连接插销松动、TA 二次引出线电容屏上部固定螺丝松动和避雷器电阻片固定螺丝松动引起两侧金属部件间悬浮电位放电。这种故障的能量不是很大，一般情况下只有 SF_6 分解产物，主要生成 SO_2、HF 和少量 H_2S。

3. 导电杆的连接接触不良——特征组分为 SO_2、H_2S

对于运行中设备，当热点温度超过 250℃ 时，SF_6 和周围固体绝缘材料开始热分解；当温度达 700℃ 以上时，将造成动、静触头或导电杆连接处梅花触头外的包箍蠕变断裂，最后引起触头融化脱落，引起绝缘子和 SF_6 分解，其主要产物为 SO_2、HF、H_2S 等。

4. 断路器重燃——特征组分为 SO_2、H_2S 和 CF_4

断路器正常开断时，电弧一般在 1～2 个周波内熄灭，但当灭弧性能不好或切断电流不过零时，电弧不能及时熄灭，将灭弧室和触头灼伤，此时 SF_6 气体和聚四氟乙烯分解，主要产生 SO_2、SOF_2、CF_4 和 HF。

5. 断路器断口并联电阻、电容内部短路——特征组分为 SO_2、H_2S、HF

因断口的并联电阻、电容质量不佳引起短路，此时 SF_6 气体裂解主要产生 SO_2、SOF_2 和 HF。

6. 互感器、变压器匝层间和套管电容屏短路——特征组分为 SO_2、H_2S、CO 和 H_2

当互感器、变压器内部故障时，将使故障区域的 SF_6 气体和固体绝缘材料裂解，产生 SO_2、SOF_2、H_2S、HF、CO、H_2 和低分子烃等。

（二）缺陷可能发生的部位

1. 断路器

绝缘拉杆悬浮电位放电，乃至引起拉杆断裂；灭弧室及气缸灼伤乃至击穿；电弧重燃，将触头和喷嘴灼伤；动、静触头接触不良；均压罩、导电杆对壳放电；内部螺丝松动，引起悬浮电位放电；断口并联电阻放电；盆式绝缘子中杂质、气泡、裂纹和表面脏污，绝缘严重降低，直至引起对壳放电。

2. 隔离刀闸、接地刀闸

绝缘拉杆局部放电；动、静触头接触不良，严重过热乃至造成局部放电；盆式绝缘子中杂质、气泡、裂纹和表面脏污，绝缘严重降低，直至引起对壳放电。

3. 母线

触头接触不良，引起严重过热乃至造成其附近绝缘子对壳放电；绝缘台上母线固定卡扣与螺丝松动引起悬浮电位放电；导体连接屏蔽罩固定螺丝松动，引起悬浮电位放电；盆式绝缘子中杂质、气泡、裂纹和表面脏污，绝缘严重降低，直至引起对壳放电。

4. 套管

电容屏内部局部放电；二次引出线电容屏固定螺帽松动引起悬浮电位放电；盆式绝缘子中杂质、气泡、裂纹和表面脏污，绝缘严重降低，直至引起对壳放电。

5. 电流互感器

绝缘支撑柱、绝缘子对壳放电；二次引线电容屏及其固定螺帽悬浮电位放电；二次线圈内部放电；铁芯局部过热和压钉悬浮电位放电；盆式绝缘子中杂质、气泡、裂纹和表面脏污，绝缘严重降低，直至引起对壳放电。

6. 电压互感器

绝缘支撑柱、绝缘子对壳放电；线圈内部放电；铁芯局部过热和压钉悬浮电位放电；盆式绝缘子中杂质、气泡、裂纹和表面脏污，引起对壳放电。

三、缺陷处理方法

（一）跟踪检测

按照 DL/T 1359—2014《六氟化硫电气设备故障气体分析和判断方法》的要求，当检测到 SF_6 气体分解物 SO_2 和 H_2S 含量出现异常变化时，应开展实验室的气相色谱分析，根据 CO、CF_4 含量及其他参考指标变化，结合气体分解物分析历史数据、运行工况等对设备进行综合诊断，按表 6-5 SF_6 气体分解物的跟踪检测要求采取跟踪检测措施。

表 6-5 SF_6 气体分解物的跟踪检测要求

气室类别	检 测 组 分		处 理 措 施
	$SO_2/(\mu L/L)$	$H_2S/(\mu L/L)$	
灭弧气室	3~5	2~5	3 个月内复测 1 次
	5~50	5~20	1 个月内复测 1 次
	>50	>20	1 周内检测 1 次
非灭弧气室	3~5	2~3	3 个月内复测 1 次
	5~30	3~15	1 个月内复测 1 次
	>30	>15	1 周内检测 1 次

(二)更换气体

(1)当设备中 SF_6 气体纯度低于 97%（体积分数）时，应进行气体杂质成分分析，若杂质主要为空气时，应对设备进行 SF_6 气体检漏，并更换气体；若检测到 SF_6 气体分解物时，应对设备进行诊断性试验和典型缺陷分析；

(2)若检测到的 SF_6 气体微水不满足性能要求时，应对设备中 SF_6 气体进行回收处理，并更换吸附剂，充入微水符合要求的新 SF_6 气体。

SF_6 气体缺陷处理后，按照电气设备维护检修规程要求，对设备进行必要的试验和检测。

第五节 案 例 分 析

2010 年 3—4 月，向家坝—上海 ±800kV 特高压直流输电工程系统调试期间，复龙换流站的 550kV GIS 在交接耐压试验过程中发生多次放电，采用 SF_6 气体分解物检测方法有效发现了绝缘放电缺陷。

(一)放电前气体检测

对复龙换流站 550kV GIS 共 162 个气室进行了气体成分检测，包括 SO_2+SOF_2、H_2S、CO 和 HF，发现数据异常气室 5 个，分别为 51311 C 相，52111 A、B、C 三相和 52212 C 相隔刀气室，检测到不同浓度的 CO。采用气相色谱法对这些气室进行了分析，见表 6-6 气相色谱法检测数据，未检出 SO_2、H_2S 和 HF，检测到了少量的 CF_4、CO_2 和 CO，不能判断上述 5 个气室是否存在放电。

表 6-6   气相色谱法检测数据   单位：$\mu L/L$

序号	气室编号	CF_4	CO_2	CO	HF	H_2S	SO_2
1	52111 A 相	39.06	8.34	18.41	0	0	0
2	52111 B 相	39.35	10.66	22.84	0	0	0
3	52111 C 相	77.02	0	21.10	0	0	0
4	52212 C 相	0	29.81	11.04	0	0	0
5	51311 C 相	10.68	0	4.42	0	0	0
6	51222 C 相	0	9.35	6.24	0	0	0

根据检测结果分析，认为：①GIS 气室中存在 CO、CO_2 和 CF_4 组分的原因较多，包括 SF_6 新气带入、充气操作中的过程带入及涉及绝缘件的放电产生，检测过程中未检测到表征设备放电的其他特征气体，如 SO_2+SOF_2、H_2S 和 HF，不能判断上述 5 个气室是否存在放电；②建议对 52111 A 相、B 相和 C 相进行更换新气并监护运行处理，对 51311 C 相和 52212 C 相监护运行处理。

（二）放电后气体检测

在 550kV GIS 的交接耐压试验过程中，共出现了三次放电。

（1）试验电压为 592kV 时，GIS 出现放电。对疑似放电气室的 SF_6 气体进行了检测，发现 51431 A 相气室出现 SO_2+SOF_2 和 H_2S，测试结果见表 6-7。

表 6-7　　　　　　　　51431 A 相气室的 SF_6 气体分解物检测结果　　　　　　单位：μL/L

气室编号	测试时间	SO_2+SOF_2	H_2S	CO	HF
51431 A 相	13：23	0.5	0.2	0	0
	14：08	0.9	0.2	0	0
	14：39	1.0	0.2	0	0

（2）在 51132 A 相 TA 气室检测到了 SO_2+SOF_2、H_2S 和 CO 气体，进行跟踪测试，结果见表 6-8。

表 6-8　　　　　　　　51132 A 相 CT 气室的 SF_6 气体分解物检测结果　　　　　　单位：μL/L

气室编号	测试时间	SO_2+SOF_2	H_2S	CO	HF
51132 A 相下端 TA 气室	00：05	10.2	1.1	1.1	0
	00：45	10.1	1.3	0.8	0
	01：20	9.5	1.4	1.0	0

（3）试验电压 500kV 施加 10s 后，GIS 设备某气室发生闪络，对相关气室的 SF_6 气体分解物进行了检测，结果见表 6-9。

表 6-9　　　　　　　　550kV GIS 的 SF_6 气体分解物检测结果　　　　　　单位：μL/L

气室编号	测试时间	SO_2+SOF_2	H_2S	CO	HF
52132A 相隔刀	放电后 15min，持续 30min	1	0.2	0	0
52132A 相隔刀	放大后 1h，持续 15min	1	0.2	0	0
52132A 相隔刀	放电后 20h，持续 20min	0.6	0.2	0	0

（三）缺陷诊断分析

考虑到交接耐压试验的能量较小（电压高，电流小），新投入运行的吸附剂吸附效率高，GIS 设备交接耐压试验出现放电时，在气室中检测到微量的 SO_2 或 H_2S 组分（1μL/L

左右），随着持续时间增加，产生的分解物含量增加，结合表 6-3 中的控制值，可判断该气室存在绝缘缺陷，建议解体检修。

以 52132 A 相隔离开关气室为例，检测到了 SO_2 气体，判断该气室出现放电故障，对其进行开盖检修，在盆式绝缘子发现了明显的放电痕迹，如图 6-21 所示，验证了 SF₆ 气体分解物检测方法判断设备缺陷的有效性。

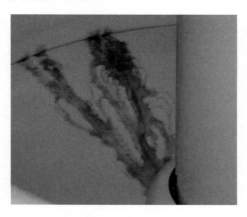

图 6-21 隔离开关气室盆式绝缘子沿面放电痕迹

第三篇

光 学 检 测

引　言

　　人类空间无处不在的电磁波，在真空中的传播速度约为 30 万 km/s。电磁波按波长从长到短可分为无线电波、红外线、可见光、紫外线、X 射线等。

　　运行中的电气设备，在电流、电压、电磁的综合作用下，会产生发热、放电等多种现象。电力工作者可通过红外、紫外和 X 射线等技术手段检测，期望发现设备缺陷，通过专业的分析判断，明确设备缺陷的性质、严重程度和部位，提出具有针对性的维护与检修策略。

　　自然界一切温度高于绝对零度（−273.16℃）的物体，都会不停地辐射出红外线，辐射出的红外线带有物体的温度特征信息。红外线在大气中传播，受到大气中的多原子极性分子的吸收而使辐射的能量衰减，存在三个波长范围，分别为 1～2.5μm、3～5μm、8～14μm，又称为"大气窗口"。利用"大气窗口"进行红外热成像检测的红外线热像仪，使用的波段一般为：短波（3～5μm）；长波（8～14μm）。红外检测可以发现高压电气设备的外部和内部等发热故障。

　　红外热成像检漏技术，通过红外成像方式可方便的观测气体泄漏状况，在显示屏上以可见的动态"烟云"形式显现出来，直观、准确、快速的发现并定位泄漏点。红外检漏仪通过滤波器将工作波段调至波长的窄带（10～11μm），气体浓度越大，吸收强度就越大，烟雾状阴影就越明显，从而使不可见的 SF_6 气体泄漏变为可见，并在仪器的取景器上清晰可见。

　　太阳光中含有的紫外线，实际辐射到地球上的基本都是波长大于 280nm 的紫外线。波长位于 240～280nm 的紫外光谱区域通常叫做日盲区。放电在物理空间上产生不同波长的电磁波，电磁波中包含紫外信号，通过检测紫外信号的位置和强弱，可初步判断放电位置及危害程度。

　　X 射线成像检测技术可实现对输变电设备内部结构、焊接质量、连接可靠性等的直观可视化检测。X 射线穿过被检测物体后携带了物体内部的结构厚度组成信息，X 射线检测已经在输变电设备及材料的验收检测和运维检测中得到应用。

　　本篇在充分调研最新的光学带电检测技术发展的基础上，分别从技术原理、仪器设备使用维护、现场应用方法及分析诊断等四个方面介绍了现场应用效果较好的几种光学带电检测，包括红外热成像检测、红外成像检漏、紫外成像检测、X 射线检测等。

红外热成像检测

第一节 检测原理

一、红外线基本知识

1800 年英国的天文学家 Mr. William Herschel 用分光棱镜将太阳光分解成从红色到紫色的单色光，反复试验证明，在红光外侧，确实存在一种人眼看不见的"热线"，后来将其称为"红外线"，其波长大于 $0.75\mu m$，小于 $1000\mu m$，如图 7 - 1 所示。

图 7 - 1　Mr. William Herschel 反复试验发现红外线

Mr. William Herschel 在 1830 年提出了辐射热电偶探测器，20 世纪 60 年代初，世界上第一台用于工业检测领域的红外热成像仪——THV651 诞生。红外热成像检测技术是随着红外探测器的发展而发展的。红外探测器经历了光机扫描探测器、焦平面制冷式探测器和焦平面非制冷式探测器。在 21 世纪初，我国建成红外热成像技术民用产品生产基地，引进国外的焦平面非制冷式探测器，推进红外技术在国内的组装生产和推广应用，现阶段焦平面非制冷式探测器是电力设备检测最主流的应用方式。

红外线在大气中传播，受到大气中的多原子极性分子吸收而使辐射的能量衰减，但存在三个波长范围吸收弱，能量衰减少，红外线穿透能力强，分别在 $1\sim2.5\mu m$、$3\sim5\mu m$、

$8 \sim 14 \mu m$ 区域，这三个区域称之为"大气窗口"，如图 $7-2$ 所示。

红外热成像检测技术，就是利用了所谓的"大气窗口"。短波窗口在 $1 \sim 5 \mu m$ 之间，而长波窗口则是在 $8 \sim 14 \mu m$ 之间。一般红外线热像仪使用的波段为：短波（$3 \sim 5 \mu m$）、长波（$8 \sim 14 \mu m$）。

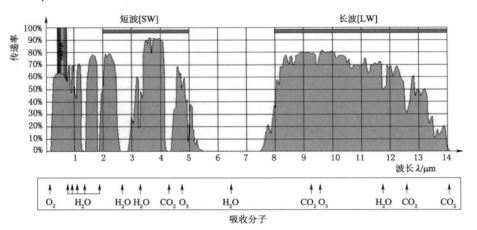

图 $7-2$ 大气窗口

自然界一切温度高于绝对零度（$-273.16℃$）的物体，都会不停地辐射出红外线，辐射出的红外线带有物体的温度特征信息。这是红外技术探测物体温度高低和温度场分布的理论依据和客观基础。物体除具有辐射能力外，还具有吸收、反射、穿透红外辐射的能力。吸收是指物体获得并保存来自外界的辐射，在温度处在平衡状态下，物体吸收的辐射与物体自身向外辐射相同；反射是指物体弹回来自外界的辐射；透射是指来自外界的辐射经过物体穿透出去。

当外界的辐射入射辐射到物体时，会产生吸收辐射（W_α）、反射辐射（W_ρ）、透射辐射（W_τ）三种现象，入射辐射 $W_{in} = W_\alpha + W_\rho + W_\tau = 100\%$，物体接收的入射辐射如图 $7-3$ 所示。

同样，由于环境中辐射源的存在，物体发出的红外线，也由自身辐射（W_ε）、反射辐射（W_ρ）、透射辐射（W_τ）三部分组成，即发出辐射 $W_{ex} = W_\varepsilon + W_\rho + W_\tau = 100\%$，物体发出的红外辐射如图 $7-4$ 所示。

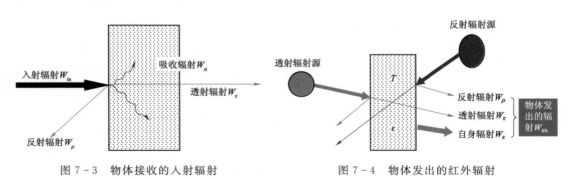

图 $7-3$ 物体接收的入射辐射   图 $7-4$ 物体发出的红外辐射

（一）辐射率和吸收率

对大多数物体来说，对红外辐射不透明。所以对于实际测量来说，物体发出的红外线由物体自身辐射与反射辐射两部分组成。一般把用辐射率（Emissivity 简写为 ε）来表示自身辐射占物体发出辐射的比例，用反射率 ρ 来表示反射辐射占物体发出辐射的比例，且满足：$\varepsilon + \rho = 1$。辐射率是描述物体辐射本领的参数。

一般来说，物体接收外界辐射的能力与物体辐射自身能量的能力相等，也就是说，如果一个物体吸收辐射的能力强，那么它向外辐射自身能量的能力就强，反射能力就弱；反之，一个物体吸收辐射的能力弱，那么向外反射辐射自身能量的能力就弱，反射能力就强。所以一个不透明的差的吸收体是一个好的反射体，一个好的反射体同时也是一个差的辐射体。

光滑表面的反射率较高，容易受环境影响，即容易反光。粗糙表面的辐射率较高。不同的材料、不同的温度、不同的表面光度、不同的颜色等，所发出的红外辐射强度都不同，即辐射率都不相同。

物体温度越高，红外辐射越高；反之，物体温度越低，红外辐射越低。辐射率也是同样的规律，即使物体温度一样，高辐射率物体的辐射要比低辐射率物体的辐射要多。所以物体的温度及表面辐射率决定着物体的辐射能力。在检测过程中，由于辐射率对测温影响很大，因此必须选择正确的辐射系数。

电力设备发射率一般在 0.85～0.95 之间。

（二）黑体

黑体是一个理想的辐射体，黑体 100％ 吸收所有的入射辐射，也就是说它既不反射也不穿透任何辐射，即 $\alpha = 1$。黑体 100％ 辐射自身的能量，即 $\varepsilon = 1$。真正的黑体并不存在。

二、红外线测温原理

根据斯蒂芬玻尔兹曼定律，辐射能量可以表示为

$$W = \varepsilon \delta A T^4 \tag{7-1}$$

式中　W——发热体发生功率；

ε——发射体的黑度（也称发射率）；

δ——玻尔兹曼常数；

A——发射体表面积，cm^2；

T——发射体的绝对温度，K。

由式可知，只要知道发射体表面的发射率，再检测出红外辐射能量，就可推断出发射体的温度。可见红外探测设备在任意时刻从被测设备表面接收到的红外辐射功率与被测物体表面绝对温度 T 的 4 次方成正比。因此，当物体表面有微小的温度变化时，红外探测设备输出的电信号会有较大的变化，因而比较容易就可以得到设备表面温度的分布情况。

大多数情况下，这些探测和诊断方法都是通过探测设备外表面温度分布进行的。因红外辐射在固体中穿透能力很弱，故单纯探测物体表面温度信息并不能准确地掌握物体内部的温度场及其所反映的故障信息。但由于与内部故障部位接触的固体、液体和气体通过热传导、对流和辐射等效应，可将热量不断地传导到设备表面，从而改变设备表面的温度

场，因此结合设备表面相应部位采集红外图谱，可分析诊断出大量的内部故障。

三、电网设备异常发热原理

对于高压电气设备的发热故障，从红外检测与诊断的角度大体可分为两类，即外部故障和内部故障。

外部故障是指裸露在设备外部各部位发生的故障（如长期暴露在大气环境中工作的裸露电气接头故障、设备表面污秽以及金属封装的设备箱体涡流过热等）。从设备的热图像中可直观地判断是否存在热故障，根据温度分布可准确地确定故障的部位及故障严重程度。

内部故障则是指封闭在固体绝缘、油绝缘及设备壳体内部的各种故障。由于这类故障部位受到绝缘介质或设备壳体的阻挡，所以通常难以像外部故障那样从设备外部直接获得直观的有关故障信息。但是，根据电气设备的内部结构和运行工况，依据传热学理论，分析传导、对流和辐射三种热交换形式沿不同传热途径的传热规律（对于电气设备而言，多数情况下只考虑金属导电回路、绝缘油和气体介质等引起的传导和对流），并结合模拟试验、大量现场检测实例的统计分析和解体验证，也能够获得电气设备内部故障在设备外部显现的温度分布规律或热（像）特征，从而对设备内部故障的性质、部位及严重程度作出判断。

电力设备工作的时候，由于电流、电压的作用会产生发热。这些发热的形成多种多样，从高压电气设备发热故障产生的机理可分为以下五类：

（一）电阻损耗（铜损）增大故障

电力系统导电回路中的金属导体都存在相应的电阻，因此当通过负荷电流时，必然有一部分电能按焦耳——楞茨定律以热损耗的形式消耗掉。由此产生的发热功率为

$$P = K_f I^2 R \tag{7-2}$$

式中　　P——发热功率，W；

　　　　K_f——附加损耗系数；

　　　　I——通过的电荷电流，A；

　　　　R——载流导体的直流电阻值，Ω。

K_f表明在交流电路中计及趋肤效应和邻近效应时使电阻增大的系数。当导体的直径、导电系数和导磁率越大，通过的电流频率越高时，趋肤效应和邻近效应越显著，附加损耗系数 K_f 值也越大。因此，在大截面积母线、多股绞线或空心导体，通常均可以为 $K_f=1$，其影响往往可以忽略不计。

上式也表明，如果在一定应力作用下是导体局部拉长、变细，或多股绞线断股，或因松股而增加表面层氧化，均会减少金属导体的导流截面积，从而造成增大导体自身局部电阻和电阻损耗的发热功率。

对于导电回路的导体连接部位而言，上式中的电阻值应该用连接部位的接触电阻 R_j 来代替。并在 $K_f=1$ 的情况下，改写成以下形式

$$P = I^2 R_j \tag{7-3}$$

电力设备载流回路电气连接不良、松动或接触表面氧化会引起接触电阻增大，该连接

部位与周围导体部位相比，就会产生更多的电阻损耗发热功率和更高的温升，从而造成局部过热。

（二）介质损耗（介损）增大故障

众所周知，除导电回路以外，有固体或液体（如油等）电介质构成的绝缘结构也是许多高压电气设备的重要组成部分。用作电气内部或载流导体电气绝缘的电介质材料，在交变电压作用下引起的能量损耗，通常称为介质损耗。由此产生的损耗发热功率表示为

$$P = U^2 \omega C \tan\delta \tag{7-4}$$

式中 U——施加的电压，V；

ω——交变电压的角频率；

C——介质的等值电容，F；

$\tan\delta$——绝缘介质的介质损耗因数。

由于绝缘电介质损耗产生的发热功率与所施加的工作电压平方成正比，而与负荷电流大小无关，因此称这种损耗发热为电压效应引起的发热即电压致热性发热故障。

式（7-4）表明，在正常状态下，电气设备内部和导体周围的绝缘介质在交变电压作用下会有介质损耗发热。当绝缘介质的绝缘性能出现劣化时，会引起绝缘的介质损耗（或绝缘介质损耗因数 $\tan\delta$）增大，导致介质损耗发热功率增加，设备运行温度升高。

介质损耗的微观本质是电介质在交变电压作用下将产生两种损耗，一种是电导引起的损耗，另一种是由极性电介质中偶极子的周期性转向极化和夹层界面极化引起的极化损耗。

（三）铁磁损耗（铁损）增大故障

对于由绕组或磁回路组成的高压电气设备，由于铁芯的磁滞、涡流而产生的电能损耗称为铁磁损耗或铁损。如果由于设备结构设计不合理、运行不正常，或者由于铁芯材质不良，铁芯片间绝缘受损，出现局部或多点短路，可分别引起回路磁滞或磁饱和或在铁芯片间短路处产生短路环流，增大铁损并导致局部过热。另外，对于内部带铁芯绕组的高压电气设备（如变压器和电抗器等）如果出现磁回路漏磁，还会在铁制箱体产生涡流发热。由于交变磁场的作用，电器内部或载流导体附近的非磁性导电材料制成的零部件有时也会产生涡流损耗，因而导致电能损耗增加和运行温度升高。

（四）电压分布异常和泄漏电流增大故障

有些高压电气设备（如避雷器和输电线路绝缘子等）在正常运行状态下都有一定的电压分布和泄漏电流，但是当出现故障时，将改变其分布电压 U_d 和泄漏电流 I_g 的大小，并导致其表面温度分布异常。此时的发热虽然仍属于电压效应发热，但发热功率由分布电压与泄漏电流的乘积决定。

$$P = U_d I_g \tag{7-5}$$

（五）缺油及其他故障

油浸式高压电气设备由于渗漏或其他原因（如变压器套管未排气）而造成缺油或假油位，严重时可以引起油面放电，并导致表面温度分布异常。这种热特征除放电时引起发热外，通常主要是由于设备内部油位面上下介质（如空气和油）热容系数不同所致。

除了上述各种主要故障模式以外，还有由于设备冷却系统设计不合理、堵塞及散热条件差等引起的热故障。

第二节　使　用、维　护

一、红外热像仪原理及组成

电力设备运行状态的红外检测，实质就是对设备（目标）发射的红外辐射进行探测及显示处理的过程。设备发射的红外辐射功率经过大气传输和衰减后，由检测仪器光学系统接收并聚焦在红外探测器上，并把目标的红外辐射信号功率转换成便于直接处理的电信号，经过放大处理，以数字或二维热图像的形式显示目标设备表面的温度值或温度场分布。

红外热像仪一般由光学系统、光电探测器、信号放大及处理系统、显示及输出、存储单元等组成。红外探测原理示意图如图 7-5 所示。

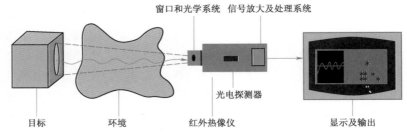

图 7-5　红外探测原理示意图

二、红外热像仪主要参数

1. 温度分辨率

温度分辨率表示热像仪能够辨别被测目标最小温度变化的能力。

温度分辨率的客观参数是噪声等效温差（NETD）。它是通过仪器的定量测量来计算出红外热像仪的温度分辨率，从而是排除了测量过程的主观因素。它定义为当信号与噪声之比等于 1 时的目标与背景之间的温差。

2. 空间分辨率

空间分辨率表示热像仪分辨物体空间几何形状细节的能力，它与所使用的红外探测器像元素面积大小、光学系统焦距、信号处理电路带宽等有关。一般也可用探测器元张角（DAS）或瞬时视场表示，如图 7-6 所示。

此参数通常可近似计算得出：空间分辨率 =（2π×水平视场角度）/（360°×水平像元数），单位为弧度（rad）。

3. 红外像元数（像素）

红外像元数（像素）表示热像仪焦平面上单位探测元数量。分辨率越高，成像效果越清晰。

现在使用的手持式热像仪一般为 160×120、320×240、640×480 像素的非制冷焦平面探测器。

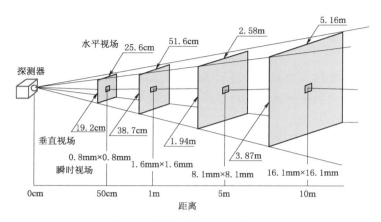

图 7-6　视场角与瞬时视场图示

4. 测温范围

热像仪在满足准确度的条件下可测量温度的范围，不同的温度范围要选用不同的红外波段。电网设备红外检测通常在−20～300℃范围内。

5. 热灵敏度

热像仪分辨物体温度的能力。

6. 采样帧速率

采集两帧图像的时间间隔的倒数，单位为赫兹（Hz），宜不低于 25Hz。

7. 工作波段

热像仪响应红外辐射的波长范围。工业检测热像仪宜工作在长波范围内，即 8～14μm。

8. 焦距

透镜中心到其焦点的距离。焦距越大，可清晰成像的距离越远。

三、红外热像仪使用维护方法

目前在用的红外仪器主要包括制冷型和非制冷型焦平面热像仪、红外测温仪两类，其中普遍使用的是便携式和手持式非制冷型焦平面热像仪。

红外热像仪的操作正确对红外图像质量、设备缺陷发现乃至故障分析都至关重要，应避免现场使用上的任何操作失误。仪器操作主要包括检查仪器工况、设置仪器参数、调整焦距、调整温宽及电平、选择环境参照体、检测带电设备、检测数据保存等。

1. 检查仪器工况

打开红外热像仪电源，待仪器内部温度校准完毕，图像稳定后可以工作；检查电池、存储卡容量充足，仪器显示、操作、存储等各项功能正常。

2. 设置仪器参数

仪器稳定后，进行仪器参数设置。检查仪器日期、时间正确；普测时被测设备的辐射率设置在 0.90～0.95。

进行精确测温时，合理设置被测目标发射率，同时还应考虑环境温度、湿度、风速、风向、热反射源等因素对测温结果的影响，并做好记录。

119

设置大气温度、相对湿度，并根据测量点位置设置目标距离；了解现场被测目标的温度范围，设置正确的温度挡位，当测试过程中发现测量点温度超出量程范围时，将量程调整至适当范围。

调色板设置为铁红模式如被测设备周围无明显热源，将反射温度设为大气温度。

合理设置区域、点温度测量，热点温度跟踪功能，以达到最佳检测效果。

3. 调整焦距

红外图像存储后可以对图像曲线进行调整，但是无法在图像存储后改变焦距。在一张已经保存了的图像上，焦距是不能改变的。当聚焦被测物体时，调节焦距至被测物件图像边缘非常清晰且轮廓分明，以确保温度测量精度。有些设备具有放大/缩小功能，可以更好的观测被测设备细节。

4. 调整温宽及电平

观察目标时，合理调整温宽及电平，使被测设备图像明亮度、对比度达到最佳，得到最佳的红外成像图像质量；精确测温色标范围应为手动调节。

5. 检测带电设备

一般先远距离对被测设备进行全面扫描（至少选择 3 个不同方位对设备进行检测），发现异常后再近距离有针对性地对异常部位和重点设备进行精确检测，保存图像并记录温度、温差、图像编号等信息。检测时尽量避免阳光及附近热源对检测结果的影响；对于被遮挡设备进行近距离多角度检测，保证测点无遗漏。在保证人员、仪器与带电设备保持安全距离的条件下，仪器宜尽量靠近被测设备，使被测设备尽量充满整个仪器的视场；最好保持测试角在 30°之内，不宜超过 45°。

6. 检测数据保存

冻结和记录图像的时候，应尽可能保持仪器平稳。即使轻微的仪器晃动，也可能会导致图像不清晰。当按下存储按钮时，应轻缓和平滑。

7. 热像仪的保养维护

在红外热像仪维护方面，仪器应有专人负责保管，有完善的使用管理规定，仪器档案资料完整，具有出厂校验报告、合格证、使用说明、质保书和操作手册等。仪器存放应有防湿措施和干燥措施，使用环境条件、运输中的冲击和震动应符合厂家技术条件的要求。不得擅自拆卸仪器，有故障时须到仪器厂家或厂家指定的维修点进行维修。

仪器应定期进行保养，包括通电检查、电池充放电、存储卡存储处理、镜头的检查等，以保证仪器及附件处于完好状态。

第三节　现　场　检　测

红外热成像检测过程中应注意检测人员的安全，检测时应与设备带电部位保持相应的安全距离，进行检测时，要防止误碰误动设备，行走中注意脚下，防止踩踏设备管道，应有专人监护，监护人在检测期间应始终行使监护职责，不得擅离岗位或兼任其他工作。

现场检测分为一般检测和精确检测。一般检测是用红外热像仪对电气设备表面温度进行较大面积的巡视性检测；精确检测是用检测电压致热型和部分电流致热型设备的表面温度分布去发现内部缺陷，对设备故障作精确判断，也称诊断性检测。

一、一般检测流程

被检设备是带电运行设备，应尽量避开视线中的封闭遮挡物，如门和盖板等；环境温度一般不低于 5℃，相对湿度一般不大于 85%；天气以阴天、多云为宜，夜间图像质量为佳；不应在雷、雨、雾、雪等气象条件下进行，检测时风速一般不大于 5m/s；户外晴天要避开阳光直接照射或反射进入仪器镜头，在室内或晚上检测应避开灯光的直射，宜闭灯检测；检测电流致热型设备，最好在高峰负荷下进行。否则，一般应在不低于 30% 的额定负荷下进行，同时应充分考虑小负荷电流对测试结果的影响。

（1）仪器开机，进行内部温度校准，待图像稳定后对仪器的参数进行设置。

（2）根据被测设备的材料设置辐射率，作为一般检测，被测设备的辐射率一般取 0.9 左右。

（3）设置仪器的色标温度量程，一般宜设置在环境温度加 10～20K 左右的温升范围。

（4）开始测温，远距离对所有被测设备进行全面扫描，宜选择彩色显示方式，调节图像使其具有清晰的温度层次显示，并结合数值测温手段，如热点跟踪、区域温度跟踪等手段进行检测。应充分利用仪器的有关功能，如图像平均、自动跟踪等，以达到最佳检测效果。

（5）环境温度发生较大变化时，应对仪器重新进行内部温度校准。

（6）发现有异常后，再有针对性地近距离对异常部位和重点被测设备进行精确检测。

（7）测温时，应确保现场实际测量距离满足设备最小安全距离及仪器有效测量距离的要求。

二、精确检测流程

（一）环境要求

除满足一般检测的环境要求外，还满足以下要求，风速一般不大于 0.5m/s；设备通电时间不小于 6h，最好在 24h 以上；检测期间天气为阴天、夜间或晴天日落 2h 后；被检测设备周围应具有均衡的背景辐射，应尽量避开附近热辐射源的干扰，某些设备被检测时还应避开人体热源等的红外辐射。

（二）检测步骤

（1）为了准确测温或方便跟踪，应事先设置几个不同的方向和角度，确定最佳检测位置，并可做上标记，以供今后的复测用，提高互比性和工作效率。

（2）将大气温度、相对湿度、测量距离等补偿参数输入，进行必要修正，并选择适当的测温范围。

（3）正确选择被测设备的辐射率，特别要考虑金属材料表面氧化对选取辐射率的影响，辐射率选取具体可参见附录 G。

（4）检测温升所用的环境温度参照物体应尽可能选择与被测试设备类似的物体，且最好能在同一方向或同一视场中选择。

（5）测量设备发热点、正常相的对应点及环境温度参照体的温度值时，应使用同一仪器相继测量。

（6）在安全距离允许的条件下，红外仪器宜尽量靠近被测设备，使被测设备（或目标）尽量充满整个仪器的视场，以提高仪器对被测设备表面细节的分辨能力及测温准确度，必要时，可使用中、长焦距镜头。

（三）电力设备红外测量的主要影响因素

1. 大气影响（大气吸收的影响）

红外辐射在传输过程中，受大气中的水蒸气（H_2O）、二氧化碳（CO_2）、臭氧（O_3）、氧化氮（NO）和甲烷（CH_2）等的吸收作用，要受到一定的能量衰减。

检测应尽可能选择在无雨无雾，空气湿度低于85%的环境条件下进行。

2. 颗粒影响（大气尘埃及悬浮粒子的影响）

大气中的尘埃及悬浮粒子的存在是红外辐射在传输过程中能量衰减的又一个原因。这主要是由于大气尘埃的其他悬浮粒子的散射作用的影响，使红外线辐射偏离了原来的传播方向而引起的。

悬浮粒子的大小与红外辐射的波长 $0.76 \sim 17 \mu m$ 相近，当这种粒子的半径在 $0.5 \sim 880 \mu m$ 之间时，如果相近波长区域红外线在这样的空间传输，就会严重影响红外接收系统的正常工作。

红外检测应在少尘或空气清新的环境条件下进行。

3. 风力影响

当被测的电气设备处于室外露天运行时，在风力较大的环境下，由于受到风速的影响，存在发热缺陷的设备的热量会被风力加速散发，使裸露导体及接触件的散热条件得到改善，散热系数增大，而使热缺陷设备的温度下降。

4. 辐射率影响

一切物体的辐射率都在大于零和小于1的范围内，其值的大小与物体的材料、表面光洁度、氧化程度、颜色、厚度等有关。

5. 测量角影响

辐射率与测试方向有关，最好保持测试角在 $30°$ 之内，不宜超过 $45°$。当不得不超过 $45°$ 时，应对辐射率做进一步修正，如图 7-7 所示。

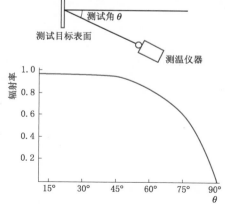

图 7-7　辐射率与测试角关系

6. 邻近物体热辐射的影响

当环境温度比被测物体的表面温度高很多或低很多时，或被测物体本身的辐射率很低时，邻近物体的热辐射的反射将对被测物体的测量造成影响。

7. 太阳光辐射的影响

当被测的电气设备处于太阳光辐射下时，由于太阳光的反射和漫反射在 $3 \sim 14 \mu m$ 波长区域内，且它们的分布比例并不固定，因这一波长区域与红外诊断仪器设定的波长区域相同而极大地

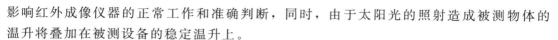

影响红外成像仪器的正常工作和准确判断，同时，由于太阳光的照射造成被测物体的温升将叠加在被测设备的稳定温升上。

所以红外测温时最好选择在天黑或没有阳光的阴天进行，这样红外检测的效果更优。

三、常见设备检测部位及要求

变电设备检测部位及要求见表7-1。

表7-1　　　　　　　　　变电设备检测部位及要求

变电设备	检测部位	诊断方法	可能缺陷	建议调节温宽范围
变压器	本体	表面温度法 图像特征法	局部涡流损耗严重	箱体温度±20K
	套管本体	同类比较法 图像特征法	套管缺油，介质损耗偏高，内部电容局部击穿	套管表面温度±3K
	套管接线板		套管柱头内连接接触不良	±20K
	套管末屏	表面温度法	接触不良	±20K
	油枕本体	图像特征法	油枕隔膜脱落，或油位异常	±3K
	冷却器	表面温度法	散热通道不通	±20K
	控制柜	表面温度法	接触不良	±20K
电流互感器	电流互感器本体	图像特征法 表面温度法 相对温差法	充油式介质损耗偏高，复合绝缘受潮	±3K
	外部引线接头	表面温度法 相对温差法 同类比较法	接头发热	±20K
	油纸电容型TA末屏	表面温度法	接触不良	±20K
电容式电压互感器	电容单元	同类比较法 表面温度法	介质损耗偏高，电容击穿，渗漏油	±3K
	电容单元接地点	表面温度法	接触不良	±20K
	电磁单元	同类比较法 表面温度法	接触不良	±20K
	外部引线接头	表面温度法 相对温差法 同类比较法	接头发热	±20K
耦合电容器	耦合电容器本体	图像特征法 表面温度法	介质损耗超标	±3K
	外部引线接头	表面温度法	接头发热	±20K

续表

变电设备	检测部位	诊断方法	可能缺陷	建议调节温宽范围
断路器	本体支柱	同类比较法 图像特征法	外绝缘损伤，表面防污闪涂料失效	±20K
	均压电容器	表面温度法 图像特征法	并联电容发热	±20K
	操作机构	表面温度法	接触不良	±20K
	汇控柜	表面温度法	接触不良	±20K
	灭弧室	表面温度法	动静触头接触不良	±20K
	外部引线接头	表面温度法 相对温差法 同类比较法	接头发热	±20K
GIS	罐体	表面温度法	法兰短接片接触不良，罐体接地设计不能满足要求	±20K
	出线套管	表面温度法 同类比较法	外绝缘损伤，表面防污闪涂料失效	±20K
	盆式绝缘子连接螺栓	表面温度法	接触不良	±20K
	外部引线接头	表面温度法	接触不良	±20K
	汇控柜	表面温度法	接触不良	±20K
隔离开关	刀口，拐臂	表面温度法	接触不良	
避雷器	本体	表面温度法 同类比较法	阀片局部击穿，内部受潮	±3K
	本体接头	表面温度法	接触不良	±20K
阻波器	绝缘子吊环处	表面温度法	接触不良	±20K
	本体和引线接头	表面温度法	接触不良	±20K
电容器组	本体和引线接头	表面温度法	接触不良	±20K
换流阀	阀塔	表面温度法	涡流发热	±20K
	水冷系统	表面温度法	电机润滑不良	±20K
平波电抗器	本体内部	表面温度法	涡流发热	±20K

四、报告整理

测试报告填写应包括被测试品型号、设备间隔号、测试日期、环境温度、湿度、测试人员、测试数据、测试结论，若测试过程存在特殊天气应写明情况。×××变电站红外热像检测报告格式参见表7-2。

表 7-2   ×××变电站红外热像检测报告

一、基本信息

变电站		委托单位		试验单位			
试验性质		试验日期		试验人员		试验地点	
报告日期		编制人		审核人		批准人	
试验天气		温度/℃		湿度/%			

二、检测数据

序号	间隔名称	设备名称	缺陷部位	表面温度	正常温度	环境温度	负荷电流	图谱编号	备注（辐射系数/风速/距离等）
1									
2									
检测仪器									
结论									
备注									

　　检测中如发现异常，应多角度进行局部检测，并拍摄对应异常部位可见光图片，根据测量温度及图像特征，并记录实时负荷电流，结合运行信息，判断被测设备有无缺陷，确定缺陷类型，提出检修建议，编写检测异常报告，×××变电站红外检测异常报告参见表 7-3。

表 7-3   ×××变电站红外检测异常报告

天气：_____ 温度：_____℃ 湿度：_____%   检测日期：_____年_____月_____日

发热设备名称		检测性质		
具体发热部位				
三相温度/℃	A:	B:		C:
环境参照体温度/℃		风速/(m/s)		
温差/K		相对温差/%		
负荷电流/A		额定电流（A）/电压（kV）		
测试仪器（厂家/型号）				

红外图像：（图像应有必要信息的描述，如测试距离、反射率、测试具体时间等）

可见光图（必要时）：

备注：

编制人：_____   审核人：_____

第四节　分 析 与 诊 断

一、判断方法

对不同类型的设备采用相应的判断方法和判断依据，并由热像特点进一步分析设备的缺陷特征，判断出设备的缺陷类型。常用的判断方法如下：

（1）表面温度判断法：主要适用于电流致热型和电磁效应引起发热的设备。根据测得的设备表面温度值，对照 GB/T 11022《高压开关设备和控制设备标准的共同技术要求》中高压开关设备和控制设备各种部件、材料及绝缘介质的温度和温升极限的有关规定，结合环境气候条件、负荷大小进行分析判断。

（2）同类比较判断法：根据同组三相设备、同相设备之间及同类设备之间对应部位的温差进行比较分析。

（3）图像特征判断法：主要适用于电压致热型设备。根据同类设备的正常状态和异常状态的热像图，判断设备是否正常。注意尽量排除各种干扰因素对图像的影响，必要时结合电气试验或化学分析的结果，进行综合判断。

（4）相对温差判断法：主要适用于电流致热型设备。特别是对小负荷电流致热型设备，采用相对温差判断法可降低小负荷缺陷的漏判率。对电流致热型设备，发热点温升值小于 15K 时，不宜采用相对温差判断法。相对温差（通常用 δ_t 表示）是两个对应测点之间的温差与其中较热点的温升之比的百分数。可用下式（7-6）求出：

$$\delta_t = (\tau_1 - \tau_2)/\tau_1 \times 100\% = (T_1 - T_2)/(T_1 - T_0) \times 100\% \qquad (7-6)$$

式中　τ_1、T_1——发热点的温升和温度；

　　　　τ_2、T_2——正常相对应点的温升和温度；

　　　　T_0——被测设备区域的环境温度。

（5）档案分析判断法：分析同一设备不同时期的温度场分布，找出设备致热参数的变化，判断设备是否正常。

（6）实时分析判断法：在一段时间内使用红外热像仪连续检测某被测设备，观察设备温度随负载、时间等因素变化的方法。

具体设备的红外检测缺陷诊断可对照 DL/T 664—2016《带电设备红外诊断应用规范》附录内容要求进行判断。

二、典型热像图谱

1. 变压器类设备

变压器类设备红外缺陷典型图谱如图 7-8 和图 7-9 所示。

2. 互感器类设备

互感器类设备红外缺陷典型图谱如图 7-10 所示。

图7-8 变压器散热器进油管关上

图7-9 变压器磁屏蔽不良

3．电容器类设备

电容器类设备红外缺陷典型图谱如图7-11所示。

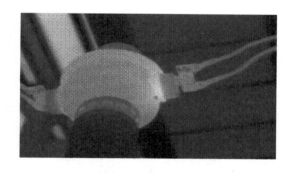

图7-10 互感器内接头发热

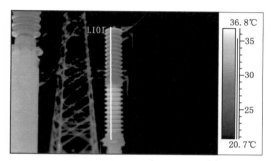

图7-11 耦合电容器下节介损偏大发热

4．避雷器类设备

避雷器类设备红外缺陷典型图谱如图7-12所示。

5．电缆类设备

电缆类设备红外缺陷典型图谱如图7-13所示。

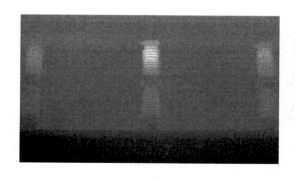

图7-12 220kV氧化锌避雷器发热

图7-13 电缆接头发热，连接不良

6．套管类设备

套管类设备红外缺陷典型图谱如图7-14所示。

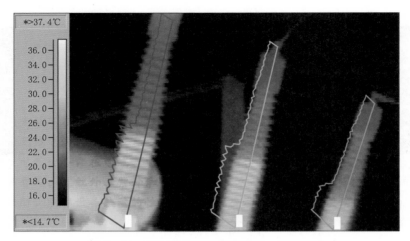

图 7-14　变压器的套管温度异常，套管缺油

7. 绝缘子类

绝缘子类设备红外缺陷典型图谱如图 7-15 所示。

8. 金属连接类设备

金属连接类设备红外缺陷典型图谱如图 7-16 所示。

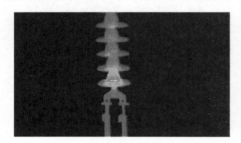

图 7-15　瓷绝缘子低值，发热

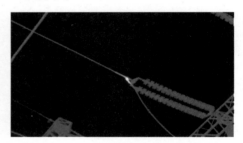

图 7-16　220kV 线夹发热，接触不良

9. 开关类设备

开关类设备红外缺陷典型图谱如图 7-17 所示。

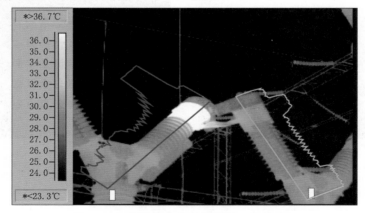

图 7-17　断路器内静触头发热，接触不良

第五节　案例分析

本节通过对典型实际案例红外热像图的分析，诊断出设备内外主要故障的形式，判别方法应用、红外热像特征。

一、GIS间隔内部发热

（一）案例经过

2014年8月13日，对某500kV变电站进行例行红外测温带电检测，发现220kV分段Ⅱ 22F A相高位CT波纹管与22F-B刀闸筒壁发热。A相高位筒体最高温度为38.3℃（环境温度约为25℃），较底部筒体高出10℃。现场初步分析为内部导电体接触不良发热，立即申请停电处理。8月21日，经解体检查发现，发热部位电连接触指部分发黑，电连接底座与触指座接触面氧化变色，经分析：一是电连接导电座与小触指座螺栓压接不紧导致接触不良是发热的主要原因；二是由于早期制造工艺原因，触指不能与导电杆有效全部接触，导致电流不能均匀通过触指（27片），造成局部触指发热。

由于该段母线连接电厂重要电源，该异常的及时发现，避免了继续发热导致的放电事故，保证了地区电网的稳定运行。

（二）检测分析方法

2014年8月13日，红外热像检测发现220kV分段Ⅱ 22F A相高位CT波纹管与22F-B刀闸筒壁发热。经精确测温，选择成像的角度、色度，拍下了清晰的图谱，220kV A相电压互感器红外热成像图谱如图7-18所示。

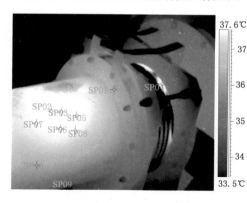

图7-18　220kV A相电压互感器红外热成像图谱

由图谱可看出，220kV分段Ⅱ 22F A相高位CT波纹管与22F-B刀闸筒壁存在异常发热，热像特征呈现热点集中在GIS上部，并向周围逐渐衰减，符合GIS内部接触不良引起的发热特征。A相高位筒体最高温度为38.3℃（环境温度约为25℃），较底部筒体高出10℃。现场初步分析为内部导电体接触不良发热，立即申请停电处理。

1. 解体前检测

从22F-D5至22F-D6之间进行回路电阻测试，测试结果：A相：643μΩ、B相：

476$\mu\Omega$、C 相：354$\mu\Omega$，出厂规定值为不大于 396$\mu\Omega$。

22F 筒体发热气室（3 号气室）进行 SF$_6$ 气体组分测试，未检测出 SO$_2$、H$_2$S 等典型放电气体，试验结果正常。

电科院对发热部位进行 X 光透视检查，检查结果未见异常。

2. 解体检查情况

（1）触指与导电杆接触不均匀。

检查电连接触指有发黑痕迹，判断为装配时涂抹导电膏，触指导流受热焦化发黑。现场检查发黑触指分布集中在底部下端，判断该位置触指与导电杆接触不均匀。A 相发热部位电连接触指照片如图 7-19 所示，正常电连接触指如图 7-20 所示。

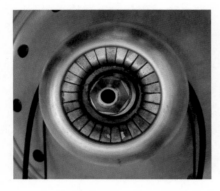
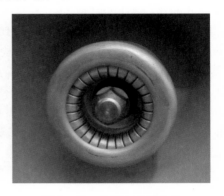

图 7-19　A 相发热部位电连接触指照片　　　　图 7-20　正常电连接触指

（2）电连接导电座与小触指座接触不良。

经解体检查电连接内部的螺栓，有 3 个螺栓力矩未达到 25N·m 要求，导致导电膏受热不均烧蚀凝固发黑。电连接导电座与小触座连接面如图 7-21 所示。

图 7-21　电连接导电座与小触座连接面

综合判断分析，一是电连接导电座与小触座螺栓压接不紧是导致接触不良发热的主要原因；二是由于早期制造工艺原因，触指不能与导电杆有效全部接触，导致电流不能均匀通过触指（27 片），造成局部触指发热。

二、高压套管油位异常

（一）案例经过

2012 年 6 月 11 日，工作人员在进行某 500kV 变电站 2 号主变红外测温时发现 2 号主变 B 相高压套管图谱异常，套管油位计显示低油，外部未见渗漏痕迹。测温图片如图 7 - 22、图 7 - 23 所示。

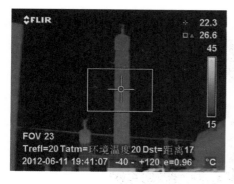

图 7 - 22　B 相高压套管热相图　　　　　　图 7 - 23　B 相高压套管油位指示

6 月 16 日晚，再次对该套管进行复测，测温图片如图 7 - 24、图 7 - 25 所示。

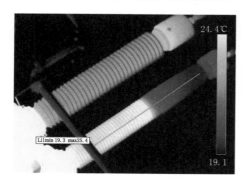
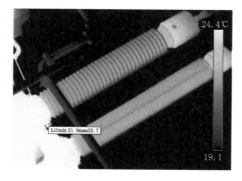

图 7 - 24　B 相高压套管热相图　　　　图 7 - 25　A 相高压套管热相图（正常参考）

（二）检测分析方法

从红外热像上看，套管在实际油面处形成一个有明显温度突变的清晰分界面。这是因为当套管漏油导致油位明显降低时，因油与空气分界面上下介质的热物性参数不同（变压器油导热系数为 0.1186，空气导热系数为 0.027，彼此相差 4 倍，且热容量和吸热性能也不相同），必然在油面处形成一个较大的温度梯度，从而使得缺油或存在假油位的套管在实际油面处形成一个有明显温度突变的清晰热像特征。一般情况下，缺油部位在热像上显示低温区。但当漏油较严重，时间较长时，露出油面的电容屏产生放电，使得在漏油的低温区可能出现一个因放电形成的局部发热图像。因此通过红外热场分布及热像特征，可准确判断套管是否存在缺油现象。

需要注意的是，500kV 及以上油纸电容型套管，外绝缘瓷套多数采用 2～3 节瓷套粘和做成。有些厂家生产的套管可能因上下节瓷套所用材质不一样，导致红外观测到的套管图像中某个粘和部位也出现一个较明显的温度分界点，造成套管缺油的红外热像假象。因此，在判断缺油时，还应观察套管顶部储油柜的温度，缺油的套管储油柜温度要比正常套管温度低。

6月20日，对该套管进行了更换。拆下的旧套管发现底部铝合金压环处有五处裂纹环绕分布，如图7-26所示。由于套管油位高于变压器油枕油位，套管内部油正是通过这五处裂纹渗漏到变压器内部。

图7-26　2号主变B相高压套管漏油裂纹

红外成像检漏

第一节 检测原理

一、SF_6气体泄漏检测基础知识

SF_6气体最早被发现于1990年，分子结构具有良好的导热性和负电性，使其具有较强的绝缘性和灭弧特性，因而被大量应用于电力系统和电气设备中。但是，SF_6气体泄漏会造成许多危害：SF_6相对分子质量和密度远大于空气，其泄漏时气体会向下沉降，堆积在低洼处，将氧气挤出，进而导致工作人员因缺氧而窒息死亡；SF_6气体泄漏后将会被电解产生如四氟化硫、二氟化硫和氟化亚硫酰等具有强烈的毒性和腐蚀性的氟化物，工作人员一旦吸入便有中毒的生命危险；SF_6气体泄漏会引发电气设备击穿和放电等一系列故障，进而降低生产效率和产能；SF_6气体造成的温室效应是等量CO_2气体所造成的24000倍，并且其难以被分解，所以其泄漏会造成大气污染且短时间内得不到缓解。综上所述，SF_6气体泄漏对工作人员的生命安全、电力行业的生产效率和大气污染都危害巨大，因此对该气体泄漏的检测也成为保障电力系统安全运行的重要工作之一。

20世纪50年代，早期新安装和大修后的设备检漏主要依靠真空监视和压力检查，运行设备通过压力表进行泄漏监测。受检测技术的限制，主要通过皂水查漏来判断漏气点的位置。20世纪70年代，美国TIF公司、德国DILO公司等科研人员根据SF_6气体的负电性开发了卤素仪；20世纪80年代，美国USON公司开发电子捕获型检测技术；20世纪90年代初期，日本三菱公司研发紫外电离型检测技术；20世纪90年代末期，英国ION公司研发负离子捕捉检测技术。

21世纪初，随着人们对SF_6气体的化学、声学和光学性质的不断深入了解，红外光谱吸收技术、光声光谱技术和成像法等新型检测技术不断发展。红外吸收技术和光声光谱技术利用SF_6气体分子吸收红外线的特性，成像技术包括激光成像和红外成像，通过影像直观的判断泄漏点。

近年来，成像技术已逐渐成为检漏技术的发展趋势，其中以美国FLIR公司、美国GIT公司的红外成像检漏技术和红相电力设备集团有限公司的激光成像检漏技术为主。

各种检测手段都有其自身技术优劣势，早期对于SF_6气体的检漏主要采用皂水查漏、包扎法、手持检漏仪等检测方法都需要设备停电才能进行，不属于带电检测的范畴。从

20 世纪 90 年代末期至今，带电检漏仪器逐渐发展有以下几种：紫外线电离型、高频振荡无极电离型、电子捕获型、负电晕放电型等。但在实际使用中仍有不足，如泄漏部位定位性能差、检测误差随环境变化大，很难做到精确定位和定量检测等。

近几年，利用 SF$_6$ 气体红外特性发展的激光成像检漏法及红外成像检漏法，在检测 SF$_6$ 气体泄漏方面实现了重大突破，在相对较远距离就能发现泄漏的具体部位，精度高，检测结果非常直观，极大提高了检测效率同时也保证的人员的安全。

二、SF$_6$ 气体泄漏检测原理

红外热成像检漏技术通过成像方式方便地观测气体泄漏状况，在显示屏上以可见的动态烟云形式显现出来，直观、准确、快速地发现并定位泄漏点。与常用方法相比较，可以安全的在远距离对泄漏点进行检测，保障了运行和检修人员的触电和气体中毒的危险，减少了停电时间，大大提高了现场漏点查找的效率。

成像原理如图 8-1 所示。

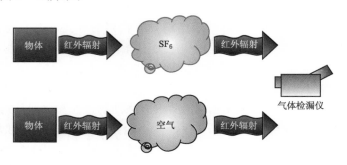

图 8-1　成像原理图

不同气体分子由于具有不同的分子结构，分子的内部运动包括振动和转动，且分子的振动能量大于分子的转动能量。根据能级跃迁理论，气体分子对入射光具有很强的选择性吸收。当分子受到含有丰富频率的红外光照射时，分子会吸收某些频率的光，并转换成分子的振动能量和转动能量。使分子的能级从基态跃迁到激发态，并使对应于吸收区域的红外照射光的光强减弱。

每一种物质都有自己的特征吸收谱，SF$_6$ 气体的红外吸收特性很强，其吸收光谱主要集中 10.6μm 处，SF$_6$ 气体红外吸收光谱见图 8-2 SF$_6$ 光谱透过率曲线图，吸收后光强将会减弱，在一定条件下，其特征吸收峰值的强度与样品物质的浓度成正比关系。基于上述原理，红外成像法在由衍射光学元件完成成像和色散的基础上，通过滤波器将工作波段调至包含上述波长的

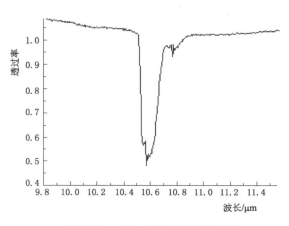

图 8-2　SF$_6$ 光谱透过率曲线图

窄带（10～11μm），则使得泄漏气体出现区域的视频图像将产生对比变化，从而产生烟雾状阴影。气体浓度越大，吸收强度就越大，烟雾状阴影就越明显，从而使不可见的SF₆气体泄漏变为可见，并在仪器的取景器上清晰可见。

简单地说，就是利用SF₆气体对特定波长的光吸收特性较空气而言极强，致使两者反映的红外影像不同，将通常可见光下看不见的气体泄漏，以红外视频图像的形式直观的反映出来。

采用此种方法测量SF₆浓度具有灵敏度高、受环境影响较小、寿命长等特点，并且适合于实时在线监测。

第二节　使用、维护

一、使用方法

（一）红外成像检漏仪主要组成部分

SF₆气体泄漏红外成像检漏仪主要由光学系统、红外探测器、信号处理系统、储存系统、显示单元和供电单元组成，如图8-3所示。

（1）光学系统：接收目标物体发出的红外辐射并将其聚焦到红外探测器上。

（2）红外探测器：SF₆气体泄漏红外成像检漏仪的核心部分。它感应透过光学系统的红外辐射，并将其转变成电信号发送给信号处理器。由于红外辐射是波长介于可见光与微波之间的电磁波，人眼察觉不到。要察觉这种辐射的存在并测量其强弱，必须把它转变成可以察觉和测量的其他物理量。

（3）信号处理系统：根据红外探测器传来信号的强弱，按照颜色或灰度等级，将其转化成红外热图像。

（4）显示单元：显示红外热图像。

（5）供电单元：通常为220V交流电或内置储能电池。

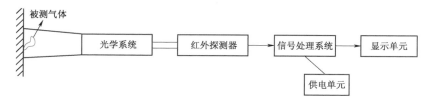

图8-3　SF₆气体泄漏红外成像检漏仪组成

与普通热像仪相比，SF₆气体泄漏红外成像检漏仪专为SF₆气体检测设计，其探测器工作波段更窄，通常在10～11μm之间，这样在检测的时候更具有针对性。第一代的SF₆气体泄漏红外成像检漏仪，通常只能成像，随着科技的发展，现在的SF₆气体泄漏红外成像检漏仪不仅能够对SF₆气体的泄漏进行检测，还由于其集成了测温功能，这样我们在进行气体泄漏检测的同时，还可对电力设备的热故障进行定性定量分析。

（二）红外成像检漏仪主要技术参数

（1）探测灵敏度：不大于 $1\mu L/s$。

（2）热灵敏度：不大于 $0.035℃$。

（3）探头分辨率：不小于 $320×240$。

（4）帧频：不小于 45 帧/s。

（5）数字信号分辨率：不小于 12bit。

（6）SF_6 气体泄漏的检测成像。

（7）泄漏点定位。

（8）可见光拍摄功能，拍摄设备的可见光图片。

（9）具备抗外部干扰的功能。

（10）视频、图片的存储和导入导出。

二、维护方法

目前在用的红外检漏仪主要包括成像型和传感器型，相比之下，前者检测的安全性和直观性高，适合设备的全面巡检和异常设备的定位检测；后者的精度较高，适合设备的定量检测。适合红外检漏仪的选择和配置，应根据单位的设备运行检修管理模式、设备电压等级、管理范围和系统规模，以及诊断检测要求等实际情况确定。

红外检测对环境有一定的要求：

（1）室外检测宜在晴朗天气下进行。

（2）环境温度不宜低于 $+5℃$。

（3）相对湿度不宜大于 80%。

（4）检测时风速一般不大于 5m/s。

另外，检测时避免阳光直接照射或反射进入仪器镜头。

红外成像检漏对待测设备也有一定的要求，设备本体及相关管路安装完毕并已充入 SF_6 气体。

此外，也应注意检测人员的安全，检测时应与设备带电部位保持相应的安全距离，进行检测时，要防止误碰误动设备，行走中注意脚下，防止踩踏设备管道。检测工作不得少于两人。负责人应由有经验的人员担任，开始检测前，负责人应向全体检测人员详细布置检测中的安全注意事项，交代带电部位，以及其他安全注意事项。进入室内开展现场检测前，应先通风 15min，检查氧气和 SF_6 气体含量合格后方可进入，检测过程中应始终保持通风。

在红外检漏仪维护方面，仪器应有专人负责保管，有完善的使用管理规定，仪器档案资料完整，具有出厂校验报告、合格证、使用说明、质保书和操作手册等。仪器存放应有防湿措施和干燥措施，使用环境条件、运输中的冲击和震动应符合厂家技术条件的要求。仪器不得擅自拆卸，有故障时须到仪器厂家或厂家指定的维修点进行维修。

仪器应定期进行保养，包括通电检查、电池充放电、存储卡存储处理、镜头的检查等，以保证仪器及附件处于完好状态。

第三节　现　场　检　测

使用红外成像检漏检测仪对 SF_6 设备进行检测，检测步骤主要包括检测前准备、检查仪器工况、设置仪器参数、调整焦距、检测 SF_6 设备、检测数据保存、异常分析判断等。

一、检测方法

1. 检测条件

（1）室外检测宜在晴朗天气下进行。

（2）检测宜在不大于 5m/s 的环境下进行。

2. 检测要求

在以下情况下，宜进行 SF_6 气体泄漏检测：

（1） SF_6 电气设备在投运前、解体检修后。

（2）气温骤变。

（3）运行中发现 SF_6 电气设备气室压力有明显降低。

（4） SF_6 电气设备补气间隔小于 2 年。

3. 检测前准备

（1）收集设备相关信息，包括设备一次系统图、气隔图、设备补气记录、压力表异常等信息。

（2）记录被测设备的相关信息，包括：电压等级、间隔名称、生产厂家、型号、出厂日期、结构型式等。

（3）对设备区的整体排布进行拍照记录，并整理成纸质资料以备检测时使用。

（4）测试并记录环境温度、湿度及风速。

4. 检查仪器工况

（1）检查仪器外观、附件是否齐全、完好；检查仪器镜头是否存在脏污，如有必要，可用中性溶液进行擦拭。

（2）打开红外检漏仪电源，红外检漏仪开机后一般需要 15min 左右时间进行自检，期间制冷器马达全功率运行，噪声较大，稳定后噪声明显降低，仪器稳定后 5min，方可进行检测工作。

（3）检查电池、存储卡容量是否充足；检查仪器显示、操作、存储等各项功能是否正常。

5. 设置仪器参数

仪器稳定后，进行仪器参数设置。

（1）检查仪器日期、时间正确。

（2）选择仪器录像模式。

（3）设置大气温度、相对湿度，并根据测量点位置设置目标距离。

（4）调节调色板，一般设置为灰白或彩虹模式，也可根据现场实际设置为其他较易识别的模式。

（5）了解现场被测目标的温度范围，设置正确的温度挡位，温宽设置为自动调节。

（6）为精确测量，可以采用高灵敏模式（HSM）进行测量。

6. 调整焦距

调节焦距至被测物件图像边缘非常清晰且轮廓分明。

7. 检测 SF_6 设备

（1）观察设备有无异常，记录气室表压。

（2）检测时与被测设备保持适当距离。首先选用一般检测模式检测，调色板选择灰白或彩虹模式，调节焦距、温宽、电平，至图像清晰，从不同角度（至少 3 个）分别仔细观察被检测部位有无气体泄漏。如无异常，拍照存储。

（3）如检测过程中发现有气体泄漏异常（气体有丝状、薄雾状或烟状流动），应合理利用仪器调节功能，进行颜色反转和调色板模式更换，以达到最佳观察效果，也可以使用高灵敏度检测模式（HSM），并对异常部位检测结果以图片和视频文件格式分别存储。应多角度对泄漏部位进行重点检测，确定泄漏准确位置，并使用记号笔做好标记。为防止手部抖动带来的影响，可以采用支架固定仪器，方便测量。

（4）记录测试部位及对应的红外照片及视频编号，并在 SF_6 设备整体排布图上进行相应位置标记。

（5）检漏时应按照自上而下，从左到右的顺序认真检测。检测部位应包含密度继电器、阀门及管道、法兰、观察窗、本体、轴封等所有可能有气体泄漏的部位，依据现场经验，以上部位发生漏气的概率由高到低排序为：法兰＞管道＞阀门＞密度继电器＞观察窗＞本体＞轴封。

（6）对压力表有过异常情况的气室进行重点检测。

（7）现场检测时要对所有被测设备进行全面扫描检测，若发现设备有异常，则有针对性地对异常部位进行细致准确的检测，最终判断设备是否有漏气点。

（8）检测数据保存及时将检测图谱备份到计算机中。

（9）异常分析判断。检测中如发现异常，应多角度进行局部检测，并拍摄对应异常部位可见光图片。

二、报告整理

检测工作结束，应及时整理报告，报告格式如表 8-1 所示。

表 8-1　　　　　　　　××变电站 SF_6 设备红外成像检漏报告

一、基本信息

变电站		委托单位		试验单位		运行编号	
试验性质		试验日期		试验人员		试验地点	
报告日期		编制人		审核人		批准人	
试验天气		环境温度/℃		环境相对湿度/%		风速/(m/s)	

二、设备铭牌

生产厂家		出厂日期		出厂编号	
设备型号		额定电压/kV			

三、检测数据

序号	检测位置	红外泄漏图像	可见光图像
1			
2			
…			
仪器型号			
诊断分析			
结论			
备注			

第四节　分析与诊断

根据 GB/T 8905—2012《六氟化硫电气设备中气体管理和检测导则》以及 Q/GDW 471—2010《运行电气设备中六氟化硫气体质量监督与管理规定》，运行设备的气体泄漏值不应大于 $0.5\%/a$。当检测到异常时，可以通过包扎法、吊瓶法等定性方法直接测量或通过表压变化计算等方式确定设备气体泄漏速度。根据经验，补气周期在一年内的设备其泄漏速度便超过 $0.5\%/a$ 的规定值，需要进行处理。

一般而言，若在红外检漏仪中能看到气体从漏气点散出，如丝状、薄雾状，在空中飘散时，应加强对该气室的跟踪检测，观察漏气点是否有扩大的趋势，在设备下次停电检修时进行处理；若看到气体从漏气点成股喷出，气流较大者，应加强跟踪检测，并定期补气，尽快停电进行处理；若气体喷出速度极快、空气中能够听到漏气声时，应立即停电进行处理。具体处理方法，应结合漏气部位、漏气速度和检修计划综合制定。

一、泄漏部位判断

（1）法兰密封面。法兰密封面是发生泄漏较高的部位，一般是由密封圈的缺陷造成的，也有少量的刚投运设备是由于安装工艺问题导致的泄漏。查找这类泄漏时应该围绕法兰一圈，检测到各个方位。

（2）密度继电器表座密封处。由于工艺或是密封老化引起，检查表座密封部位。

（3）罐体预留孔的封堵。预留孔的封堵也是 SF_6 泄漏率较高的部位，一般是由于安装工艺造成的。

（4）充气口。活动的部位，可能会由于活动造成密封缺陷。

（5）SF_6 管路。重点排查管路的焊接处、密封处、管路与开关本体的连接部位。有些三相连通的开关 SF_6 管路可能会有盖板遮挡，这些部位需要打开盖板进行检测。包括机构箱内有 SF$_6$ 管路时需要打开柜门才能对内部进行检测。

（6）设备本体砂眼。一般来说砂眼导致泄漏的情况较少，当排除了上述一些部位的时候也应当考虑存在砂眼的情况。

二、泄漏原因分析

（1）密封件质量。由于老化或密封件本身质量问题导致的泄漏。

（2）绝缘子出现裂纹导致泄漏。

（3）设备安装施工质量。如螺栓预紧力不够、密封垫压偏等导致的泄漏。

（4）密封槽和密封圈不匹配。

（5）设备本身质量。如焊缝、砂眼等。

（6）设备运输过程中引起的密封损坏。

三、红外成像检漏典型图

1. 设备本体

设备本体砂眼漏气，如图 8-4 罐体漏气所示。

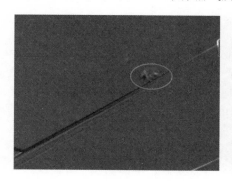

图 8-4　罐体漏气

2. 法兰密封圈、绝缘子

法兰密封面法兰密封不良、密封圈老化、绝缘子裂纹等发生漏气，如图 8-5～图 8-8 所示。

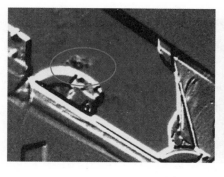

图 8-5　法兰漏气

图 8 - 6　盆式绝缘子漏气

图 8 - 7　机构轴封处漏气

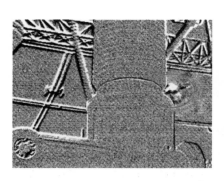

图 8 - 8　瓷套与法兰连接处漏气

3. 压力表座

密封圈老化漏气，如图 8 - 9 密度继电器漏气所示。

4. SF_6 气体管道

密封不良漏气，如图 8 - 10 气管与罐体结合处漏气所示。

5. 充气口

逆止阀封闭不牢漏气，如图 8 - 11 充气口处漏气所示。

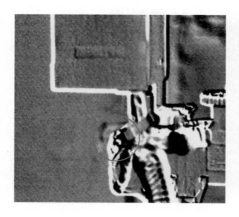

图 8-9 密度继电器漏气

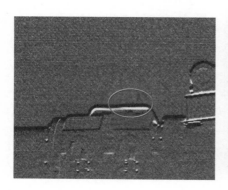

图 8-10 气管与罐体结合处漏气

图 8-11 充气口处漏气

6. 罐体裂缝

焊缝开裂漏气，如图 8-12 焊缝处漏气所示。

7. 室内 GIS

室内 GIS 漏气如图 8-13 所示。

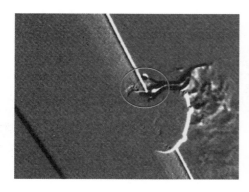

图 8-12 焊缝处漏气

图 8-13 室内 GIS 漏气

第五节 案 例 分 析

一、盆式绝缘子法兰红外检漏案例

(一) 案例经过

某换流站 500kV HGIS 5052 开关气室，2009 年生产，2010 年 10 月投运。

2016 年 4 月 13 日，检修人员在对某换流站开展带电检测时，红外检漏发现 500kV HGIS 5052 开关气室 A 相 2 母侧盆式绝缘子多个法兰有烟雾状气体向空气中连续飘出，气流较大，呈束状，漏气量较大，红外检漏仪在正常模式下可检出明显漏气现象，据此判定该法兰处存在较为严重的漏气状况。

(二) 检测分析方法

2016 年 4 月 13 日，在对某换流站 500kV HGIS 5052 开关 A 相气室开展 SF$_6$ 红外检漏时，发现该气室 2 母侧盆式绝缘子法兰处存在多个漏气点，如表 8-2 红外检漏异常情况所示，其他部位未检测到异常。

143

表 8 - 2　　　　　　　　　　　　SF₆红外检漏异常情况

序号	间　隔	位　置
1	500kV HGIS 5052 间隔	500kV HGIS 5052 开关气室 A 相 2 母侧盆式绝缘子法兰
	红外图片	可见光照片

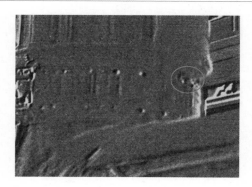 

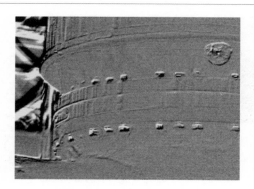 

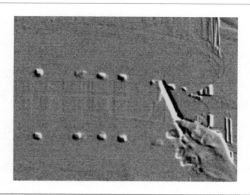 

　　测试人员通过变换测试角度、背景，改变测试模式（普通模式/高灵敏度模式），对漏点进行精确定位，在 HSM 检测模式（高灵敏度）下可清晰检出漏气位置，最终确定漏气点位于 500kV HGIS 5052 开关气室 A 相 2 母侧盆式绝缘子法兰处。

　　初步分析漏气原因为，该盆式绝缘子产生裂纹或者法兰对接面密封圈老化，运行后在外界环境作用下，同时又经受过一次极寒天气的低温考验，导致气密性下降，造成漏气。

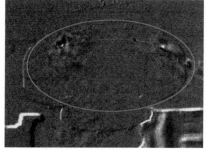

现场检查确认 220kV 213 开关 A 相气室法兰处存在漏气点，且年漏气率约为 2.9%，远大于 GB/T 8905—2012《六氟化硫电气设备中气体管理和检测导则》中规定的 0.5% 的年漏气率。建议对开关本体法兰尽快进行更换，处理前应加强跟踪监测，并及时补气。已联系胶东换流站运维检修人员，计划结合 11 月停电检修进行消缺处理。

（三）经验体会

（1）设备 SF_6 气体泄漏往往存在突发性和间歇性，设备缺陷检测过程中，宜多角度仔细观测，重点观测法兰、管道接口等密封处。如排除相关位置，重点做好 GIS 表面的测试，有效发现因砂眼造成的设备漏气。

（2）进行 SF_6 气体红外成像法检漏应在天气晴好、无风或微风的情况下进行，阴天、强风情况下，气体扩散迅速，气体温度容易变成背景温度，观测结果会受到较大影响，不利于发现设备缺陷部位。

二、出线套管气室带电显示装置法兰红外检漏案例

（一）案例经过

某 500kV 变电站 220kV GIS 2 号主变 202 间隔出线套管 B 相气室，出厂日期为 2005 年 1 月，2005 年投运。

2016 年 4 月 27 日，检修人员在对该 500kV 变电站开展带电检测时，发现 220kV GIS 2 号主变 202 间隔出线套管 B 相气室带电显示装置法兰处有烟雾状气体向空气中连续飘出，气流适中，呈束状，漏气量较大，红外检漏仪在 HSM 模式（高灵敏）下可检出明显漏气现象，据此判定该处盆式绝缘子存在较为严重的漏气状况。

（二）检测分析方法

2016 年 4 月 27 日，在对某 500kV 变电站 220kV GIS 2 号主变 202 间隔出线套管 B 相气室开展 SF_6 红外检漏时，发现该气室带电显示装置法兰处漏气，红外检漏异常数据见表 8-3。

表 8-3　　　　　　　　　　　　　SF_6 红外检漏异常数据

序号	间　隔	位　置
1	220kV 202 间隔	220kV GIS 2 号主变 202 间隔出线套管 B 相气室带电显示装置法兰
	红外图片	可见光照片

在对 220kV 2 号主变 202 间隔出线套管 B 相气室开展 SF₆红外检漏时，发现 220kV GIS 2 号主变 202 间隔出线套管 B 相气室带电显示装置法兰处有烟雾状气体向空气中连续飘出，气流适中，呈束状。测试人员通过变换测试角度、背景，改变测试模式（普通模式/高灵敏度模式），对漏点进行精确定位，在 HSM 检测模式（高灵敏度）下可清晰检出漏气位置，最终确定漏气点位于 220kV 2 号主变 202 间隔出线套管 B 相气室带电显示装置法兰处。

检测人员采用 ZX－1 型 SF₆定性检漏仪对红外检漏仪确定的漏点进行检测，检漏仪发出报警声，确认该气室盆式绝缘子浇注口处存在漏点。

查阅变电站检修记录该气室于 2015 年 5 月充气至表压 0.62MPa。检测前该气室表压为 0.58MPa，根据 GB 11023—2018《高压开关设备六氟化硫气体密封试验方法》中压力降计算法，计算得该气室年漏气率约为 6.5%。

（三）经验体会

（1）本次隐患的发现始于组合电器带电检测。因此，加强对设备不停电的状态监测有助于发现设备隐患，对于发现的任何小问题，本着不放过的态度进行认真分析，才能及时发现、消除隐患。

（2）气室泄漏严重影响设备的安全，直接造成设备气室压力下降，导致气体绝缘能力下降，会造成气室内放电跳闸事故，因此对气室的带电检漏是带电检测的一项重要工作。

第九章

紫外成像检测

第一节 检测原理

一、紫外线基础知识

通常来说，紫外线的波长范围在 100～400nm 区间，介于可见光与伦琴 X 射线的波长之间，是位于日光高能区的不可见光线。依据紫外线自身波长的不同，将紫外线分为三个区域，即短波紫外线（100～280nm）、中波紫外线（280～350nm）和长波紫外线（315～400nm）。太阳光中也含有紫外线，但由于它在到达地球前经过大气层的臭氧层时被吸收了部分波长（240～280nm）的紫外线，故实际辐射到地球上的基本都是波长大于 280nm 的紫外线。波长位于 240～280nm 的紫外光谱区域通常叫做日盲区。

当设备产生放电时，空气中的氮气电离，产生臭氧和微量的硝酸，同时辐射出光波、声波，还有紫外线等。光谱分析表明，电晕、电弧放电都会产生不同波长的紫外线，波长范围在 230～405nm。

北京国电迪扬电气设备有限公司、浙江红相科技股份有限公司、上海日夜光电技术有限公司、厦门红相股份有限公司等单位皆成功开发了不同型号的日盲紫外成像仪器，适用于变电站和输电线路电晕及电弧放电检测，可远距离、高效率、安全、可靠地确定电晕放电和表面局部放电的来源。

2011 年 5 月，我国推出了 DL/T 345—2010《带电设备紫外诊断技术应用导则》标准，但是因为我国在通过使用紫外成像技术对放电情况进行检测方面的研究时间还比较短。同时由于专利技术封锁，设备价格高等原因，紫外成像技术在我国的应用并不广泛，目前，对于紫外成像技术也是初步开展阶段，还有很多因素影响了紫外成像技术的应用：

（1）计算和选择紫外成像方法的参数。现在，通过大量的研究，光子数是在使用 UV 成像系统时该系统直接给出的参数，通过对该参数进行的初步研究。通过研究结果所得，设备增益和参数、观测距离是存在着某种复杂的非线性关系，它是难以量化的排出。

（2）电信号和紫外成像参数两者之间的相关性。因为该仪器的工作原理有很大的限制，即紫外成像速度是比其紫外线信号的速度低，并且它采样速率也是十分低的，而且又不能忽视参数和电信号之间的关系。

（3）通过对紫外成像方法进行了大量的研究可以得知，该点区域的大小是随着距离和增益的变化而不断改变的。需要对这些问题进行研究，对紫外线结果、其他试验结果、绝缘体表面的电信号强度三者之间的关系进行比较。

（4）在建立出有关紫外成像特点以及肮脏的绝缘子放电状况的评估模型，是一个极其复杂的过程。通过使用这个评估模型可以让我们更精确对绝缘子污染的条件进行分析研究。它可以用来提取紫外图像的特征参数。

通过紫外成像的方式检测高压电气设备外绝缘放电的情况，现如今越来越多的人关注到它，在电力系统中得到一定程度的应用。

二、设备局部放电及紫外检测原理

设备放电可分为设备内部放电和外部放电两大类，除特殊情况外，紫外通常是检测设备外部的放电。设备外部放电主要有电晕放电、污闪放电等形式。放电在物理空间上产生不同波长的电磁波，电磁波中包含紫外信号，通过检测紫外信号的位置和强弱，可初步判断放电位置及危害程度。

（一）电晕放电

高压电气设备在运行和维护过程中，受外界条件和设备自身缺陷影响，绝缘性能都会或多或少受到损伤，绝缘性能的下降将会导致高压电气设备发生电晕放电的现象。

当变电设备的绝缘体存在微小洞隙、裂痕或其他缺陷时，受电场的影响，会加速游离而产生局部放电现象。由于在两电极间并未构成桥式完整连续性放电，而仅在电极间的一部分形成微小放电，故称为部分（局部）放电。由于局部放电现象会在微小的空间内产生热量及能量损失，导致绝缘材料的裂化，长时间会导致绝缘破坏，造成设备故障，从而影响供电品质。局部放电通常伴随声、光、热、化学反应，可通过仪器测量这些现象来对局部放电做出判断。

当高压电气设备气体间隙上电压提高至一定值后，会在气体间隙中形成一个传导性能很高的通道，此时称气体间隙击穿或者气体放电。当气体间隙被电流击穿后，可依据电源功率、电极形式和气体压力等区分不同的放电形式：在低气压、电源功率较小时，放电表现为充满整个间隙的辉光放电形式；在高气压下，常表现为火花或者电弧放电；在极不均匀电场中，会在局部电场较强处出现伴有发光的局部的自持放电，称之为电晕放电；沿着气体与固体介质的分界面上发展的自持放电现象称为沿面放电，当沿面放电现象发展到贯穿两极时，会将整个气隙沿面击穿，此时称为闪络。

在导体曲率半径小的地方，特别是尖端，其电荷密度很大。在紧邻带电表面处，电场强度与电荷密度成正比，故在导体尖端处场强很强，在空气周围的导体电势升高时，这些尖端处能产生电晕放电，如图 9-1 设备电晕放电现象所示。通常将空气视为非导体，但是空气中含有少数由紫外线照射而产生的离子，带正电的导体会吸引周围空气中的负离子而自行徐徐中和，若带电导体存在尖端，该处附近空气中的电场强度很高，当离子被吸向导体时将获得很大的加速度，这些离子与空气碰撞时，将会产生大量的放电离子。

电晕放电是在高电场强度作用下，在高压电气设备的绝缘体内电气强度较低的部位发生的，产生局部放电的条件取决于绝缘装置中的电场分布及绝缘的电气物理性能。电晕放电的特性一般可与缺陷的大小很好地印证，即根据电晕放电特性可以确定绝缘装置中缺陷的严重程度。高压电气设备的绝缘体在运行中长时间承受工频电压的作用，并且多次承受

内过电压及大气过电压的作用。内过电压
发生在切合电网元件或电气装置时，也在
事故或非正常运行时发生。当雷电击中电
网元件或落在其附近时，在与架空输电线
相连的装置中将发生雷电过电压。同时，
绝缘还要承受温度、机械及振动等作用，
经常还可能受潮，使绝缘的电气性能和机
械性能恶化。当绝缘的电气强度不够时，
短时间的过电压就可能使绝缘当场击穿或
闪络。长时间工频电压及多次过电压的作
用和温度及潮湿的作用结合在一起，会使

图 9-1 设备电晕放电现象

绝缘的电气强度由于老化而降低，随之绝缘就被完全破坏进而发生电晕放电。

电晕放电是发生在极不均匀电场中特有的一种自持放电形式，在外加电压较低时，电
晕放电具有均匀、稳定的性质；在外加电压较高时，电晕放电会转变为具有不均匀、不稳
定的性质。

在气体中的发生电晕放电现象时，会有以下几种特殊的效应：

（1）伴随着电晕放电过程会有声、光、热等效应，并发出"咝咝"的声音和蓝色晕
光，同时，发生电晕放电的周围范围内气体温度会升高。

（2）电晕放电时会产生高频的脉冲电流，其中的高次谐波会对无线电通信产生干扰。
在工作频率电压的每半个周期内，电晕放电都要发生和熄灭一次，此时大量的电磁波辐射
会对无线电通信产生更强烈的干扰。

（3）电晕放电和电晕前的无声放电在放电过程中产生的某些化学反应（在空气中形成
臭氧、一氧化氮和二氧化氮），是促使有机绝缘物老化的重要因素。

（4）电晕放电时会产生人耳能闻的噪声，会对人的生理、心理上产生不良的影响。研
究人员发现在 1000kV 及以上的电力系统中，如果不注意噪声问题，会对周边的环境产生
噪声污染。

（5）电晕放电会持续地产生能量损耗，在长时间没有修复的情况下，能量损耗将会达
到一个可观的程度。

（二）污闪放电

研究污闪放电时，大家的意见基本是一致的，对于湿润污秽的外绝缘放电来说，不单
单是一个简单的空气间隙击穿，实际的过程中，也是一个化学以及热学和电学因素相关的
污秽表面气体电离的过程，同时，还是一个热动力以及局部电弧发展的平衡过程。当外绝
缘表面的状态存在一定的差异时，污秽放电的机理存在着较大的差异。当受潮时，亲水性
外绝缘的表面就会形成连续的水膜，而憎水性外绝缘的表面就会形成多个水滴。

1. 亲水性外绝缘污闪过程

对于亲水性外绝缘来说，有着较为悠久的历史，对其的研究也非常的深入。对污闪过
程来说，其主要是以下的 4 个阶段组成：

（1）表面出现堆积的污秽从而形成污层。

（2）污层在非常湿润的环境中受潮。

（3）经常会出现局部放电以及干带的现象。

（4）逐步扩张的局部放电会形成污闪。

在进行运动的过程中，外绝缘在空气中暴露，在空气中，由于工业污染以及扬尘等污秽颗粒会在风力以及重力和电场力的相互作用之下，在外绝缘表面积聚。无论是周边的污染源还是外界气象条件抑或是外绝缘材质和结构形状等因素都会导致积污过程，在上下表面以及不同的部位污秽物的分布存在一定的差异。

在干燥的状态之下，大部分的污秽并不会导电，但是，由于大气湿度的逐渐升高，由于受潮以及湿润的影响，这使得污秽中的电解质逐渐的溶解，近而会导致污层电导率不断的升高，泄漏的电流会在绝缘子的表面上流过，污闪电压和污层电导率之间的联系非常的密切。在现在的研究过程中，污层湿润程度能够对大气的相对湿度进行反映，但是很少对污层物质成分以及污层湿润过程进行研究，这使得结论存在较大的误区，并且导致污闪放电的过程中较为重要的环节不被重视。

污层在受潮湿润以后，这时一定幅值的泄漏电流会在外绝缘表面流过，污层的含水量会受到电流的热效应的影响而减少，会使得污层电阻增大。由于外绝缘不规则的形状和污秽的分布不均匀，导致了不同的外绝缘表面的电流密度，在泄漏电流密度较大的区域，则有干区或干带的产生，进而是外绝缘表面电位分布有所改变，导致干带上面将承受更多的电压降，当空气中的临界击穿场强低于干带上的场强时，就会出现沿面放电的情况的发生。在外绝缘表面的污秽度以及湿度和电压较低的情况之下，会出现一定的放电现象，但是极其的不稳定，主要的表现形式为间歇性的脉冲状态。一般情况下，当湿度在75％或者以上，就会出现放电的现象，当湿度较低的情况之下，放电的范围以及强度都不会太大。

当在外绝缘表面，大气湿度较高以及污秽度较大时，在外绝缘表面的电流就会能够提供较大的能量，同时幅值不断增大。在这个时候，就会发生非常强烈的放电现象，在干带上，相对较弱的脉冲放电能够实现转化，转化为电弧放电。较为特定的条件之下，在外绝缘的表面就会出现局部电流的不断扩张，最后，绝缘两端电极能够在一起连结，造成短路，从而发生闪络。所谓污闪，其主要是由于受潮程度以及污秽和外绝缘以及所加电压等之间的相互作用。在对人工污秽进行测试时，测到很多污秽存在外绝缘放电的特性。在进行实验下基于不同的因素，比如包括污秽以及灰密和盐密分布的差异，可溶性的盐成分以及大气环境，同时也包括酸雨以及串长等。对污闪电压进行有效分析，近而建立电弧模型，制定不同的防污闪措施，主要是进行涂料以及复合绝缘子等。

2. 憎水性外绝缘污闪过程

对憎水性外绝缘来说，其有着与亲水性差别较大的特性，主要是由于受潮以后，而在其表面并不可能形成连续水膜，水分凝结形成水珠。当受潮的程度不断加深，水珠会不断增大，会使得更多的盐分在水珠中进行溶解。

通过电场的作用，在外绝缘的表面，场强相对较大的地方就会沿电场方向出现水带。水带的形成会使得两端的电场强度不断加强，这对水的发展起到了促进作用。当水带以及水珠不断出现以后，就会对外绝缘表面的电场分布产生严重的影响，使得电场分布发生明显的改变，同时，在电场较强的地方就会有局部电弧的出现。当受潮的程度相对较为严重时，在电场的方向就会形成较长的水带通道，由于电子相对较小，在未形成的干区上，外绝缘两端电压将发挥主要的作用。比较干的区域的电场进一步加强，促进了水带的发展。如果水带一直这样发展下去，就会使干区的面积不断缩小，当达到一个极限的条件时，就会将干区击穿，造成沿面闪络。

（三）紫外检测原理

在发生外绝缘局部放电的过程中，周围气体被击穿而电离，气体电离后的放射光波的频率与气体的种类有关，空气中的主要成分是氮气（N_2），氮气在局部放电的作用下电离，电离的氮原子在复合时发射的光谱（波长 λ 在 280～400nm 之间）主要落在紫外光波段。利用特殊仪器接收放电产生的太阳日盲区内的紫外信号，经处理成像并与可见光图像叠加，达到确定电晕位置和强度的目的，这就是紫外成像技术的基本原理。电气设备如果出现外绝缘缺陷，可能引起外部场强的变化，当局部场强达到 24～30kV/cm 时，会产生电晕或局部放电现象。放电将引起空气分子电离，在带电质子复合的过程中，会产生声波、光波和电磁辐射等特征信号。

因为电晕放电会放射出波长范围在 230～405nm 内的紫外线，而紫外光滤光器的工作范围为 240～280nm，由于电晕信号只包括很少的光子，这个比较窄的波长范围产生的影像信号比较微弱，影像放大器的工作是将微弱的影像信号变成可视的高清晰度影像。

放电较弱时，高压设备放电产生的光信号的波长主要分布于 280～400nm 范围内的紫外波段，也有小部分波长在 230～280nm 之间，高压电气设备电晕放电光谱分布图如图 9-2 所示。紫外检测的基本原理在于检测这部分可见光范围外人眼不可见的紫外光，用探测紫外光的方法来检测电气设备外绝缘放电，再通过分析判断电气设备外绝缘的真实状况。

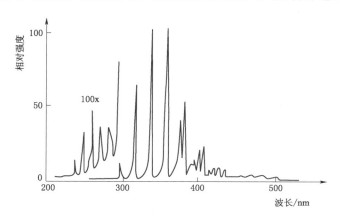

图 9-2　高压电气设备电晕放电光谱分布图

紫外成像法检测的基本原理如图 9-3 所示。

由图 9-3 可知，设备放电发出的紫外光首先经过物镜照射在对紫外光敏感的光电阴极上进行光电转换，所生成的光电子经高压电场加速后通过微通道板增强器（MCP）进行电子倍增，实现对弱光目标的放大；倍增后的电子轰击到荧光屏，将紫外光信号转换成可见光信号；最后光子照射在（CCD）成像。

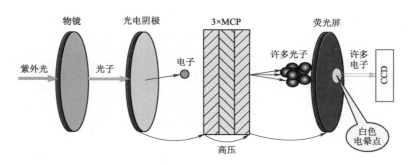

图 9 - 3　紫外成像法检测的基本原理

利用紫外线束分离器，紫外成像检测仪将属于的影像分离成两部分。第一部分影像经过盲光过滤太阳光线后被传送到一个影像放大器上，影像放大器将紫外光影像发送到一个装有 CCD 装置的照相机内；同时，被探测目标的第二部分影像被成像物镜发送到第二台 CCD 照相机内。通过特殊的影像处理工艺将两个影像叠加，最后生成显示电气设备及其电晕的图像，其工作原理如图 9 - 4 所示。

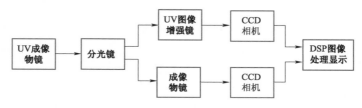

图 9 - 4　紫外检测原理

（四）紫外成像放电检测的影响因素

DL/T 345—2010《带电设备紫外诊断技术应用导则》标准提出影响电晕检测的因素除了增益和检测距离外，还有大气湿度、气压和风速等，并提供了电晕放电量与紫外检测距离校正公式，但标准没有要求对其他因素进行校正。目前，几乎所有文献都表明，紫外成像放电检测的效果会受到增益、视角、污秽、气压和大气湿度等影响，然而对于在各种因素下的紫外特征量的定量分析却没有达成共识，也没有相关标准。

1. 观测距离对紫外成像的影响

规程提供了电晕放电量和紫外检测距离之间的校正公式，按 5.5m 标准距离计算，换算规则见式（9 - 1）：

$$y_1 = 0.33 x_2^2 y_2 \exp(0.4125 - 0.075 x_2) \tag{9 - 1}$$

式中　x_2——检测距离，m；

　　　y_2——x_2 距离下紫外检测的电晕放电量；

　　　y_1——折算为 5.5m 标准距离时的电晕放电量。

通过现场实验也认为紫外光子数与检测距离呈幂指数函数关系检测距离越大，放电形成球面上的光子数数量越少，而仪器镜头尺寸为定值，因此辐射入镜头的光子数就越少。

2. 增益对紫外成像的影响

增益是指紫外成像仪对检测到的紫外光子量缩小或放大的比例。紫外成像仪探测的是日盲区的紫外线，而这个波段的紫外线在放电光谱中所占的比例较小。而且受环境和光学传输的损耗等影响，最终到达 CDD 板的紫外光子数可能更少。为提高仪器的灵敏度，通过增益调节进入镜头的光子数示数，以适应不同强度的紫外线。紫外线较弱的环境选择较高的增益；紫外线较强的环境选择较低的增益。增益可以在 $0\% \sim 100\%$ 内调节，直接影响到紫外计数的数值。随着增益的增加，视频中放电区域形状通常不断发生变化。规程建议，紫外成像仪开机时增益应开到最大。有研究表明不同距离下，$40\% \sim 80\%$ 的增益可使得光子计数相对稳定，更利于实际检测。

3. 视角对紫外成像的影响

为了防止其他放电的影响，或者受到室内建筑物、电气安全距离的限制，并不可能每次都能选择最佳检测位置检测放电，因此研究放电在不同视角下紫外成像的特征是必要的。而且紫外仪器都基于图像融合的原理，如果检测的角度出现偏差，甚至会可能将放电点叠加到不放电设备上，导致误判。

4. 气压和温、湿度对紫外成像的影响

气压和温、湿度不仅对电晕有影响，而且还可以影响空气密度，增加或减少气体放电时电子的平均自由行程，因此会对紫外成像的光子数量产生影响。实验表明，气压升高，气体密度增加，电晕的起始电压升高。温度及气压对放电的影响通常可以用巴申定律来解释。

在其余参数与环境相同的情形下，低气压、高温度下检测光子数要比高气压、低温度下的紫外计数高，但一般情况下温度和气压的差异可能被仪器本身的误差和测量所掩盖，故在实际应用中，通常不考虑温度和气压的影响。DL/T 345—2010 提及湿度和气压对电晕放电有影响，但没有具体说明影响的程度，只要求对环境条件做记录，不做校正。有研究表明：同等参数与环境下，干燥条件时检测放电光子数是潮湿时的 $1/2 \sim 1/4$。

5. 污秽对紫外成像的影响

华中科技大学采用固体涂层法对绝缘子串染污，试验了不同污秽度下放电时紫外成像的特点，试验结果表明，试品串发生沿面放电情况下，测得泄漏电流极大值与同步检测到的光子计数极大值有显然的关联性，两者均随电压的增大而逐步升高。周建国等使用紫外技术检测了发生沿面放电的瓷绝缘子，试验发现紫外光子计数随着污秽增加而逐步增多。

6. 淋雨对紫外成像的影响

输电导线在淋雨或积污情况下的电晕放电特征研究认为，导线表面上的污秽对其电晕放电几乎没有影响；水滴的稳定起晕电压随着导线表面水滴的增多而降低；表面水滴的数量对导线电晕产生有重要影响。华北电力大学在试验中对比了清洁干燥和湿润的复合绝缘子的放电，认为水珠的大小对起晕电压影响很大，而且水珠会受电场力作用发生移动。

第二节 使用、维护

一、紫外仪工作原理及组成

（一）紫外成像仪的工作原理

从波长来分，放电产生的电磁波为三类，分别是紫外光、红外光和可见光。可以根据不同范围的电磁波的特征来成像，这种方法给人们的生活带来了极大的方便。相机类产品是被应用较为广泛的，采取了 CMOS 或 CCD 来直接对可见进行成像。然而，此时此刻，物体都在辐射红外光，可利用红外成像装置对物体进行红外成像，红外成像装置在红外追踪、夜视等领域广泛应用。

把紫外光与可见光和红外光进行比较发现，它的波长较短，更容易被吸收，很难被直接感应到。为了解决这一问题，科研人员提出可以利用光——电——光或光——光之间不断的转换来实现紫外成像。如今所使用日盲紫外成像装置的工作原理有三种：一是以像增强器为基础通过光——电——光转换实现的，二是以可感知紫外光的背照式 CCD 为基础的，三是在 CCD 表面涂覆荧光材料并且通过使用光——光转换实现的。其中以像增强器为基础的日盲紫外成像装置，在经过了这么多年发展后，已经研发出了多个型号产品；而基于背照式 CCD 的成像装置则是近年来才兴起的新技术；而通过在 CCD 表面涂覆荧光材料的成像装置在上世纪 70 年代时候就有人已经开始对这种方法进行了研究，但是一直都不能投入实际中来使用。

紫外成像仪的成像原理就是双光谱成像，紫外成像仪的基本工作原理如图 9-5 所示。

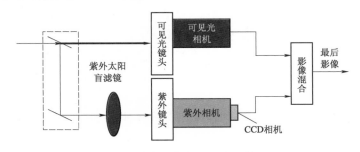

图 9-5　紫外成像仪的基本工作原理

像增强器又称为像管，其主要是由三部分组成，包括荧光屏、光阴极以及高压微通道板（MCP）。像增强器的工作原理是：当紫外光进入到像增强器以后，光阴极会吸收进入的紫外光子并且释放出光电子，释放出的光电子在通过了加入高压的高压微通道板以后，它的数量会以几何级数不断地增加，最后会打在涂有荧光粉的屏幕上，大量的电子会让荧光粉发光并且形成二维物像。像增强器发展到现在，由最开始的无 MCP，到拥有一个 MCP，再到 3 个 MCP，它对电子的辐射增益由最开始的不到 100 倍变成现在的 10^8 倍。

以像增强器为基础的日盲紫外成像装置，主要是由 8 部分组成，其中包含了 CCD、UV 成像镜头、像增强器、光锥图像采集单元、数据处理单元、日盲紫外滤光片和显示屏。而且还可以依照实际情况另外加入一个可见光成像原件，形成一个双光路的成像装置。它的工作原理是：在目标辐射出日盲紫外光后，紫外光经过紫外成像镜头处理后成像，所形成物像在经过使用日盲紫外滤光片过滤后只剩下了日盲段紫外光的物像，这个物像在经过像增强器光——电——光转换变成了可见光像，这部分可见光经光锥传到 CCD 表面，被 CCD 感应到后 CDD 就发出相应电信号，图像采集器对这些电信号进行收集并传输给图像处理器，在经过图像处理器处理后，最终图像显示在显示屏上。

（二）紫外通道的成像原理

紫外成像通道的构成主要是包括了紫外透镜、日盲滤光片以及光电阴极和荧光屏，同时也包括了光纤锥以及 MCP 和 CCD 等部件，其原理可表示在如图 9 - 6 所示。

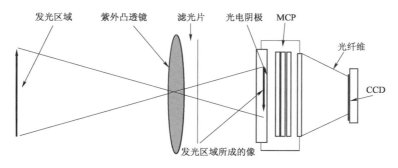

图 9 - 6 紫外通道的成像原理

（1）紫外凸透镜：基于紫外光信号能被探测到时，对于紫外成像通道的透镜，主要采取的是可透射日盲波段，其主要使用能透射紫外线的玻璃进行制作，其普通功能与光学透镜是一致的，能够实现对入射光信号的会聚，近而能够在发光区域进行成像显示。

（2）日盲滤光片：在紫外透镜应用的过程中，其投射波长较大，超过了 280nm 的光信号时，为了能够更好的躲避太阳光所导致的干扰，主要是通过滤波来进行处理。

（3）光电阴极：对于光电阴极来说，其主要的作用就是通过紫外线来对图像进行辐射，使得其变换成相应的电子图像，通常，主要是针对日盲波段紫外光信号来说的，光电阴极量子效率非常高。光阴极材料决定了光的阈值以及波长。

（4）微通型板：MCP（Micro Channel Plate）是一种大面积阵微通道电子倍增器，是对二维空间分布的电子流进行倍增的元件，它由高二次电子发射系统的含铅玻璃制成。每个微通道空芯管相当于一个微型极光电倍增管，两端加有一定的工作电压。以一定角度入射的电子打到这种微通道内壁上时，经过多次电子倍增，可获得很高的电子数倍增输出。

（三）紫外仪组成

1. 紫外镜头

由紫外仪工作原理可知，从信号源传输到成像镜头的除了信号源自身的紫外辐射，还有被信号源反射的背景光（包括可将光、紫外光和红外光等）。选用紫外光成像镜头能减少背景噪音，从而检测出信号源自身辐射的紫外光图像。紫外镜头的透镜采用在 $0.2 \sim$ $0.4 \mu m$ 的光谱范围内的合适材料，如尚矽石和氟化钙。目前，虽然开发了几种玻璃来降低 $0.4 \mu m$ 以下的吸收，但其使用仍受限。

2. 紫外光滤光

先用宽带紫外光滤光片滤除背景光中的可见光和红外光，再选用"日盲"紫外窄带滤光片滤除背景光中日盲波段外的紫外光，从而得到信号源自身辐射的紫外光图像。实际应用中，在检测紫外信号的同时，为检测背景图像，采用"双光谱成像技术"，使紫外和背景光分路成像，经增强后，作适时融合处理，使得在保证紫外信号质量的同时，又保留了背景图像的信息。

3. 紫外光增强

在紫外成像检测系统中，若直接使用对 UV 灵敏的 CCD 探测紫外信号，由于紫外辐射一般比较微弱、强度太小，因而探测不到。为解决这个问题，先对紫外信号进行增强放大，然后再进行探测，紫外像增强器可以实现紫外光信号的增强放大。

利用光谱转换技术加微光像增强器同样可实现增强紫外光的目的。由于光谱转换技术及微光像增强器的制造技术都已比较成熟，所以实现起来比较容易，过程也比较简单。

4. 光谱转换

现有的光谱转换技术有两种：通过光电阴极进行光谱转换；用转换屏实现光谱转换。前者要研制合适的光电阴极；而后者须研制适当的转换屏。在紫外成像检测系统中，光谱转换可通过紫外光电阴极或紫外光转换屏来实现。若系统采用光谱转化加微光像增强器结构，则用转换屏比较好。

紫外光作用于转换屏的入射面，经转换屏转化后，出来的光即为所需的可见光。对于紫外成像检测技术来说，最主要的是它的分辨率和光谱转换效率。其次，光谱特性、余辉时间、稳定性和寿命也很重要。

分辨率是代表分辨图像细节的能力。影响分辨率的因素有：发光粉层的厚度、粉的颗粒度、分与基地表面的接触状态、屏表面结构的均匀性等。在既要保证足够的光谱转换效率又要保证高的分辨率的情况下，选择最佳的粉层厚度是很重要的。

5. CCD

电荷耦合元件（Charge‐coupled Device，CCD），是一种半导体器件，其作用类似胶片，能把光信号转换成电荷信号，可以称为 CCD 图像传感器。CCD 上植入的微小光敏物质称作像素（Pixel），一块 CCD 上包含的像素数越多，其提供的画面分辨率越高。CCD 上有许多排列整齐的光电二极管，能感应光线，并将光信号转变成电信号，经外部采样放大及模数转换电路转换成数字图像信号。

二、紫外仪的使用维护方法

（一）紫外成像仪管理

紫外成像仪应有专人负责，妥善保管，定期进行通电等检查。每年不少于一次，仪器及附件应处于完好状态。

仪器档案资料应完整，具有出厂合格证、使用说明、质保书、分析软件和操作手册等。

紫外成像仪的保管和使用环境条件，以及运输中的冲击、振动应符合仪器使用说明书的要求，仪器存放应防湿、干燥。

仪器故障不得擅自拆卸，应到仪器厂家或厂家指定的维修点进行维修。

紫外成像仪应在－10～50℃范围内使用，避免仪器淋雨和长时间日晒，并应符合下列要求：

（1）应轻拿轻放，小心操作。

（2）用完后盖上镜头盖，不用时关机。

（3）有条件的情况下，宜进行仪器比对。

（二）紫外数据的管理

紫外成像检测的记录和诊断报告应详细、全面并妥善保管。

紫外成像检测报告应包含使用仪器的型号、检测日期、检测环境条件、检测地点、检测人员、设备名称、缺陷部位、缺陷性质、电压、图像资料、诊断结果及处理意见等内容。

现场应详细记录缺陷的相关资料，并及时提出检测诊断报告。

对记录的数据和图像应及时编号存档，诊断结论和处理结果应登记在案。

（三）紫外仪的维护

（1）切勿擅自打开机壳，机器内并无用户可自行修复的部件。维修事宜仅可由专业公司专业人员进行。

（2）使用和运输过程中请勿强烈摇晃或碰撞设备。

（3）无论机器在开机或关机状态都严禁将设备镜头直接对准强烈高温辐射源（如太阳），以免造成设备不能正常工作甚至损坏。

（4）不要用手触摸镜头，清理镜头时，请用专用的镜头纸或者干净的空气吹去灰尘。设备储存应放置在阴凉干燥，通风无强烈电磁场的环境中。

（5）当系统使用电池供电时，请确认使用完毕后且长期不用时将电池取出，以免影响电池性能。

（6）仪器工作时，请尽量避免震动，以免影响检测效果和仪器的性能。

（四）电池维护

电池离线充电时，将锂电池放入配套的充电器，接上交流电源或者车载电源转换器，充电指示灯变红，表示正常充电；当充电指示灯变为绿色时，充电完成。充电完毕后请及时将充电器从交流插座上取下。

电池在线充电时，首先将待充电的电池放入电池盒，再将配套适配器插入外接电源接口，充电指示灯首先为红，此时为正常充电。当充电指示灯变绿时，即为充电完成，充电完毕后请及时将充电器从交流插座上取下。在线充电时，本产品可以处于开机和关机两种状态。当环境温度较高时，禁止充电时开机，不然会影响电池寿命，甚至引起火灾。在线充电时，正确的顺序是先放电池，再接入12V电源。

电池的充电仅可在室内进行，不可在暴晒、雨淋等恶劣环境下充电。切勿将电池短路；也不要将电池与整串钥匙、金属制品等可导电物品放在一起携带，由于震动，这可能会引发短路。不要将电池放置于高温环境下（≥60℃），更不要将电池分解或投入火中。严禁使用非配套的适配器进行在线充电；外接电源不能大于12V。

第三节 现 场 检 测

一、紫外检测的基本要求

输配电线路和变电站设备在大气环境下工作，随着绝缘性能的逐渐降低，结构发生缺陷，出现电晕或表面局部放电现象，电晕和局部放电部位将大量辐射紫外线。利用电晕和表面局部放电的产生和增强可以间接评估运行设备的绝缘状况并及时发现绝缘设备的缺陷。目前，用于诊断放电过程的各种方法中，光学方法的灵敏度、分辨率和抗干扰能力最好。采用高灵敏度的紫外线辐射接收器，记录电晕和表面放电过程中辐射的紫外线，再加以处理、分析达到评价设备状况的目的。理论上，凡是有外部放电的地方都可以用紫外线成像仪观察到电晕，目前，在高压带电检测领域，紫外线成像技术主要有以下几个方面的应用。

（一）污秽检测

绝缘子表面有污染物覆盖时，在一定湿度条件下绝缘子表面电场分布发生改变，产生局部放电现象，可以利用紫外线成像技术进行有效地检测分析，从而为科学制定检修计划和防污闪治理提供依据。玻璃绝缘子表面放电紫外成像，悬式瓷质绝缘子表面污秽导致放电紫外成像如图9-7、图9-8所示。

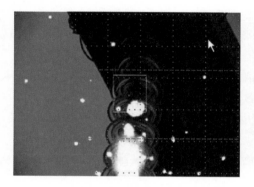 

图9-7 玻璃绝缘子表面放电紫外成像　　　图9-8 悬式瓷质绝缘子表面污秽
导致放电紫外成像

（二）绝缘子局部缺陷检测

绝缘子的裂纹等局部缺陷可能会构成气隙，在外部电压作用下会产生局部放电，利用紫外成像技术可在一定灵敏度、一定距离内对劣化的绝缘子、复合绝缘子和护套电蚀进行定位、定量的测量，某些情况下还可以发现绝缘子的内部缺陷，并评估其危害性。复合绝缘子表面电晕紫外成像如图9-9所示，复合绝缘子在盐雾室中试验的图片如图9-10所示。

（a）表面局部放电发光　（b）侵蚀和碳化道

图9-9 复合绝缘子表面电晕紫外成像　图9-10 复合绝缘子在盐雾室中试验的图片

（三）导电设备局部缺陷检测

电网设备由于安装不当、接触不良，导线架线时拖伤、运行过程中外部损伤（人为砸伤）、断股、散股，导线表面或内部发生变形等，在电场作用下会产生尖端放电或表面电晕，应用紫外成像技术可全面扫描变电站和输电线路上的设备，根据放电检测数据确定缺陷类型，如图 9-11、图 9-12 所示。这种异常现象的动态监督方法，为制定合理的维护措施提供依据。目前，某单位采用紫外成像技术在特高压示范基地进行 1000kV 电气设备的电晕检测，能直观反映设备出现电晕放电部位和电晕放电形态，从而对 1000kV 设备的外部设计、工艺制造和安装质量进行综合评价。

 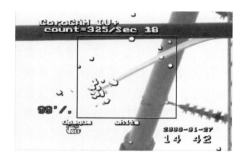

图 9-11 导线断股放电的紫外成像　　　　图 9-12 母线覆冰尖端放电紫外成像

1. 检测环境条件要求

紫外成像检测应在良好的天气下进行，如遇雷、中（大）雨、雪、雾、沙尘不得进行该项工作。一般检测时风速宜不大于 5m/s，准确检测时风速宜不大于 1.5m/s。检测温度不宜低于 5℃。应尽量减少或避开电磁干扰或强紫外光干扰源。由于被测设备是带电设备，应尽量避开影响检测的遮挡物。

（1）一般检测要求。

1）被检设备是带电运行设备，应尽量避开影响检测的遮挡物。

2）不应在有雷电和中（大）雨的情况下进行检测。

3）风速宜不大于 5m/s。

（2）准确检测要求。

除了满足一般检测要求之外，还应满足以下要求：

1）风速宜不大于 1.5m/s。

2）尽量减少或避开电磁干扰或其他干扰源对仪器测量的影响。

2. 检测人员要求

进行电力设备紫外成像检测的人员应熟悉紫外成像检测技术的基本原理、诊断分析方法，了解紫外成像检测仪的工作原理、技术参数和性能，掌握紫外成像检测仪的操作方法，了解被测设备的结构特点、工作原理、运行状况和导致设备故障的基本因素，具有一定的现场工作经验，熟悉并能严格遵守电力生产和工作现场的相关安全管理规定，应经过上岗培训并考试合格。

检测过程应严格执行《电力安全工作规程（变电部分）》的相关要求。检测时应与设备带电部位保持相应的安全距离。在进行检测时，要防止误碰误动设备。行走中注意脚下，防止踩踏设备管道。

对带电设备进行紫外成像检测，应严格遵守 DL 408—1991《电业安全工作规程》（发电厂和变电所电气部分）和 DL 409—1991《电业安全工作规程》（电力线路部分）的要求。应严格遵守发电厂、变电站及线路巡视要求。应设专人监护，监护人必须在工作期间始终行使监护职责，不得擅离岗位或兼任其他工作。

3. 检测仪器要求

紫外成像仪应操作简单，携带方便，图像清晰、稳定，具有较高的分辨率和动、静态图像储存功能，在移动巡检时，不出现拖尾现象，对设备进行准确检测且不受环境中电磁场的干扰。

（1）日盲紫外成像仪基本功能要求：

1）成像：仪器应具备能够对紫外光和可见光分别成像和叠加显示的功能。

2）日盲：仪器应具备屏蔽日光紫外线干扰的能力。

3）变焦：仪器可见光和紫外光成像系统宜具有同步变焦功能。

4）调焦：仪器应同时具备自动调焦和手动调焦功能。

5）显示：仪器应具备可实时清晰显示视频图像及相关信息的功能。

6）紫外光子计数：仪器应具备指定区域内紫外光子数计数的功能。

7）增益调节：仪器应具备增益调节功能。

8）紫外阈值滤波：仪器应具备预设或可调的紫外光信号阈值滤波功能。

9）积分功能：仪器应具备紫外检测信号积分（延长叠加）功能。

10）记录和回放：仪器应具备图像和视频数据的记录、存储功能，并可随时调取查看已记录的视频和图像。

11）工作电源：单块 DC 充电电池持续正常工作时间应不少于 2h，且每台仪器配置电池应不少于 3 块。

（2）日盲紫外成像仪性能要求：

1）紫外/可见光叠加精确度小于等于 1mrad（视场角为 3°～10°时）。

2）可见光感光灵敏度不大于 1lx（光照度）。

3）视频标准：PAL 或 NTSC 标准兼容，视频文件帧频应不低于 25 帧/s。

4）紫外通道工作波段应在日盲紫外波段范围内。

5）显示屏分辨率宜不小于 600×480 像素，显示亮度宜不小于 450cd/m^2。

6）紫外光检测灵敏度不大于 3×10^{-18} W/cm^2。

7）检测距离 10m 时，放电检测灵敏度不大于 15pC。

8）紫外成像角分辨率不大于 5mrad（视场角为 3°～10°时）。

9）紫外成像每像高线数不小于 15 线/像高（视场角为 3°～10°时）。

10）有效检测距离最大值应不小于 50m。

11）聚焦距离至少应包含 5m～∞范围。

12）带外抑制指数应不大于 30 光子数/s。

二、紫外检测方法

（一）检测周期

运行电气设备紫外检测周期，应根据设备重要性、电压等级、环境条件及设备状况等因素确定。

（1）330kV 及以上电压等级变电设备每年不少于一次，330kV 及以上输电线路视重要程度，在有条件的情况下，宜 1～3 年一次。

（2）发电厂、重要枢纽变电站和换流站、环境恶劣或变化异常地区的输电线路和设备，应缩短检测周期；对于检测中发现问题的设备，可根据问题严重程度缩短检测周期。

（3）检测应与设备状态检修周期相结合，一般应尽量安排在设备维护与检修前进行，以便发现的问题在设备维护与检修时得到处理，并为设备状态检修提供诊断信息。

（4）新建、扩建和检修后设备应在投运 1 个月内安排检测，以便及时发现设计、制造及安装缺陷。

（5）特殊情况下，如带电设备出现异常放电声响时，应及时检测。

（二）检测准备

检测前，应了解相关设备数量、型号、制造厂家、安装日期等信息以及运行情况，制定相应的技术措施。配备与检测工作相符的图纸、上次检测的记录、标准作业卡。检查环境、人员、仪器、设备满足检测条件。按相关安全生产管理规定办理工作许可手续。主要准备工作如下：

（1）获取被检测设备当地环境特点。

（2）了解被检设备运行状况，查阅设备其他测试记录和缺陷信息。

（3）登记被检设备的类别、型号和编号。

（4）编制技术方案、保证安全的技术措施和组织措施，制定检测路线。

（5）根据被检测设备和环境条件选择适合的检测仪器。

（三）检测内容

（1）电晕放电强度（光子数，适用数字式紫外成像仪）。紫外成像仪检测的单位时间内光子数与电气设备电晕放电量具有一致的变化趋势和统计规律，随着电晕放电强烈，单位时间内的光子数增加并出现饱和现象，若出现饱和则要在降低其增益后再检测。

（2）电晕放电形态和频度。电气设备电晕放电从连续稳定形态向刷状放电过渡，刷状放电呈间歇性爆发形态。

（3）电晕放电长度范围。紫外成像仪在最大增益下观测到短接绝缘子干弧距离的电晕放电长度。

（4）应充分利用紫外光检测仪器的有关功能力求达到最佳检测效果，如增益调整，焦距调整，检测方式等功能。紫外检测应记录仪器增益、环境湿度、测量距离等参数。

导电体表面电晕异常放电检测项目：

（1）检测单位时间内多个相差不大的光子数极大值的平均值。

（2）观测电晕放电形态和频度。

绝缘体表面电晕异常放电检测项目：

（1）检测单位时间内多个相差不大的光子数极大值的平均值。

（2）观测电晕放电形态和频度。

（3）观测电晕放电长度范围。

（四）检测实施

（1）检测前后应记录温度、气压、相对湿度、风速、天气状况等外部环境条件。

（2）应对仪器设备的相关功能和参数进行设置，并通过试验获得最佳检测效果。按照检测方案和预定的检测路线实施检测，以保证检测到所有受检设备。

（3）对于悬式绝缘子应逐片检测绝缘子串，查找放电部位。应特别注意检测最邻近导线的绝缘子表面。

（4）变换观测位置，从多个方向对同一设备进行检测，避免检测盲区和防止放电点被视线前方设备遮蔽造成漏检。

（5）采用数字式紫外成像仪检测时，如放电图像光斑面积较大，可通过调整仪器增益等方法适当减少光斑面积，以便对放电点进行准确定位。使用紫外电子光学成像仪检测时，当设备上存在自然光或照明光源的反光时，可采用改变观测点位置及使用仪器频闪及滤光器等方式来区分设备表面放电与背景干扰光亮。

（6）根据选用检测仪器的不同，可采用目测光亮度、光亮度与仪器视场中设置的标准光源对比以及测量紫外成像光子数等方法对放电光强进行评估。应注意排除视场中观测点周围其他无关放电对测量数据的影响。

（7）发现明显放电后，在满足安全距离的前提下，应尽可能缩短检测距离以便对放电位置、特征及光强进行细致观察和记录。使用望远镜对设备放电部位进行观察，进一步查找可能引起放电的原因。

（8）采用可靠的记录装置详细记录设备缺陷放电准确位置、放电特征、放电强度及放电图像信息，必要时还应对放电动态过程进行记录。

（9）根据检测结果分析设备缺陷及其严重程度和危害性，出具内容完整的检测报告。

现场紫外检测具体步骤如下：

1）开机后，增益设置为最大。根据光子数的饱和情况，逐渐调整增益。

2）调节焦距，直至图像清晰度最佳。

3）图像稳定后进行检测，对所测设备进行全面扫描，发现电晕放电部位进行精确检测。

4）在同一方向或同一视场内观测电晕部位，选择检测的最佳位置，避免其他设备放电干扰。

5）在安全距离允许范围内，在图像内容完整情况下，尽量靠近被测设备，使被测设备电晕放电在视场范围内最大化，记录此时紫外成像仪与电晕放电部位距离，紫外检测电晕放电量的结果与检测距离呈指数衰减关系，在测量后需要进行校正。

6）在一定时间内，紫外成像仪检测电晕放电强度以多个相差不大的极大值的平均值为准，并同时记录电晕放电形态、具有代表性的动态视频过程、图片以及绝缘体表面电晕放电长度范围。出具检测报告。

（五）检测注意事项

（1）检测最佳环境温度为 $5\sim40℃$。空气湿度一般不宜大于 80%，风速不宜大于 4 级。禁止在有雷、雨和大风等恶劣气象环境下检测。

（2）在阴天、多云、雾（霾）等天气条件下或雨（雪）后24h内，一些设备缺陷引起的放电现象更加明显，更适合进行检测。

（3）使用紫外电子光学成像仪夜间检测时，应关闭检测场所的照明，避开环境光线对仪器物镜的直射。环境可见光照度应低于 3.5lx，背景紫外线照度低于 0.05lx。在记录影像时，为使设备轮廓分明，检测场所应有适度的可见光。

（4）采用数字式紫外成像仪应尽可能在白天进行检测，检测过程中应注意防止焊接电弧或其他光源所产生的紫外线干扰，还应通过调整仪器参数尽量消除外部环境中散射紫外线对检测的影响。在夜间或昏暗情况下，检测场所应有适度照明。

（5）使用高增益能增强紫外信号，检测微小放电，但同时需注意：高增益会对放电源的定位造成一定影响，因为过大的光斑会挡住背景的可见光视图在主放电源信号增强的同时，干扰信号也会增强，影响视觉。干扰信号一般是随机出现，不固定位置。因而建议在开始初步检测时，使用较高的增益，而在对放电源定位时减少增益，当外界干扰比较大时，可以适当降低增益，将会有效的去除背景干扰，便于快速地找到放电点。

三、检测报告

1. 检测结果修正

大气湿度和大气气压：大气湿度和大气气压对电气设备的电晕放电有影响，现场只需记录大气环境条件，但不做校正。

检测距离：紫外光检测电晕放电量的结果与检测距离呈指数衰减关系，在实际测量中根据现场需要进行校正。

电晕放电量与紫外光检测距离校正公式如式（9-2）所示。

按 5.5m 标准距离检测，换算公式为

$$y_1 = 0.033 x_2^2 y_2 e^{(0.4125-0.075 x_2)} \quad\quad (9-2)$$

式中　x_2——检测距离，m；

　　　y_2——在 x_2 距离时紫外光检测的电晕放电量；

　　　y_1——换算到 5.5m 标准距离时的电晕放电量。

2. 报告格式

紫外成像检测报告格式见表 9-1。

表 9-1　　　　　　　　　　　紫外成像检测报告

一、基本信息

变电站		委托单位		试验单位		
试验性质		试验日期		试验人员		试验地点	
报告日期		编制人		审核人		批准人	
试验天气		温度/℃		湿度/%		

二、设备铭牌

运行编号		生产厂家		额定电压	
投运日期		出厂日期		出厂编号	
设备型号					

三、检测数据

序号	检测位置	紫外图像	可见光图像
1			
2			
3			
4			
5			
…			
仪器增益		测试距离/m	
光子计数		图像编号	
仪器型号			
诊断分析			
结论			
备注			

第四节　分析与诊断

运行中的电力设备，电体和绝缘体皆有可能引起表面放电。引起导电体表面电晕放电的原因主要有以下几个方面：

（1）由于设计、制造、安装或检修等原因，形成的锐角或尖端。

（2）由于制造、安装或检修等原因，造成表面粗糙。

（3）运行中导线断股（或散股）。

（4）均压、屏蔽措施不当。

（5）在高电压下，导电体截面偏小。

（6）悬浮金属物体产生的放电。

（7）导电体对地或导电体间间隙偏小。

（8）设备接地不良。

引起绝缘体表面电晕放电的原因主要有以下几个方面：

（1）在潮湿情况下，绝缘子表面破损或裂纹。

（2）在潮湿情况下，绝缘子表面污秽。

（3）绝缘子表面不均匀覆冰。

（4）绝缘子表面金属异物短接。

紫外检测诊断方法主要有同类比对法、图谱分析法、归纳法和综合分析法等。

一、同类比对法

依据在相同环境下的紫外检测结果进行比较。同类比对法如下：

（1）同类设备之间相同部位放电光强比对。

（2）同一设备的不同相之间放电光强比对。

（3）同一设备相同部位不同检测时段放电光强比对。

二、图谱分析法

（1）根据设备异常放电图像与同类设备典型缺陷放电图谱的比对来判定设备是否存在缺陷。

（2）分析同一设备不同时期的紫外图像，找出设备放电特征的变化，判断设备是否存在异常放电。

三、归纳法

不同种类的设备各自有典型的缺陷部位和类型，可以根据其放电特征判定设备是否正常。

四、综合分析法

综合分析法指将紫外检测结果与红外检测或其他方法检测结果进行综合分析比较，判定缺陷类型及严重程度的方法。

电晕、电弧放电时会伴随有电、光、热、声波、化合物等产生。目前，利用这些特征信号对电气设备进行局部放电检测的技术有观察法、超声波法、红外成像法、紫外成像法等。

观察法是当前比较常用的手段，即观察者借助望远镜等仪器监测设备，主要用于发现设备显而易见的缺陷（譬如导线断股、绝缘子伞群残缺、开裂等）。

超声波法是利用超声波在介质中的传播原理发展的放电监测手段。超声波在不同介质传播过程当中，在两种介质的分界面会发生折射、反射等现象。当超声波发生器产生的触发脉冲遇到有裂纹缺陷的绝缘子材料介质时，将在时间轴上反映出介质交界面的反射波，通过判别时间分量上反射波的幅值和位置便能鉴别绝缘子介质的缺陷情形。

红外成像仪是基于流经设备绝缘材料的泄漏电流、局部放电引起的有功损耗热效应引发的各种红外辐射热像分布的原理来探测设备缺陷的仪器。

各种检测方法的特点和应用范围各不相同，而且优缺点并存。紫外测试结果异常时，通常可结合观察法、超声波法、红外成像法测试结果进行综合判断。

五、缺陷严重程度的确定

对缺陷的判断不仅要了解检测结果，还要了解设备外绝缘的结构、当时的气候条件及未来天气变化情况、周边微气候环境，再给出处理意见与措施。根据电晕放电缺陷对电气设备或运行的影响程度，一般分成三类：

一般缺陷：指设备存在的电晕放电异常，对设备产生老化影响，但还不会引起故障，一般要求记录在案，注意观察其缺陷的发展。

严重缺陷：指设备存在的电晕放电异常突出，或导致设备加速老化，但还不会马上引起故障。应缩短检测周期并利用停电检修机会，有计划安排检修，消除缺陷。

危急缺陷：指设备存在的电晕放电严重，可能导致设备迅速老化或影响设备正常运行，在短期内可能造成设备故障，应尽快安排停电处理。紫外线检测诊断标准见表9-2。

表9-2　　　　　　　　　　　　　　紫外线检测诊断标准

放电部位	放电形态、放电量	缺陷性质
外绝缘表面	局部放电量不超过 5000 光子/s，放电距离不超过外绝缘 1/3 部位	一般缺陷
	局部放电量超过 5000 光子/s，或放电距离超过外绝缘 1/3 长度	严重缺陷
	局部放电量超过 5000 光子/s，且放电距离超过外绝缘 1/3 长度	危急缺陷
金属带电部位	放电量不超过 5000 光子/s	一般缺陷
	放电量在 5000～10000 光子/s 范围	严重缺陷
	放电量超过 10000 光子/s	危急缺陷

第五节　案　例　分　析

一、换流站站平抗直流场套管放电案例

对换流站站极Ⅰ平抗、极Ⅱ平抗进行紫外检测，紫外检测结果如图9-13所示。

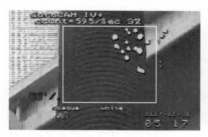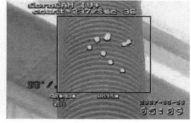

图9-13　极Ⅰ平抗、极Ⅱ平抗紫外检测图

根据紫外检测结果，套管外表面并无高能量持续放电，套管表面的热点应是由内部放电引起，认为放电起始于套管内部。套管外表面放电是由于内部绝缘材料绝缘性能下降导致的套管外部电场集中所致。

图9-14　35kV 电缆头紫外图

二、电力电缆终端头放电缺陷案例

紫外电晕测试时发现 35kV 电压等级 1 号电抗器组室外电缆终端头存在放电现象，紫外检测结果如图9-14所示，初步判断电缆终端头内部存在缺陷。停电解体，发现该电缆头热缩接地软铜线未焊接，电缆头铜屏蔽未紧密缠绕。更换后测量无异常。

X 射 线 检 测

第一节 检 测 原 理

X 射线数字成像检测技术（Digit Radiography，DR 透视技术）是近年来兴起的一种直观、高效、可靠性高的无损检测技术，可实现对输变电设备内部结构、焊接质量、连接可靠性等的直观可视化检测，具有其他检测方法无法比拟的优势，因此，已经越来越多的应用到输变电设备及材料的验收检测和运维检测当中，为电网开展输变电设备的金属技术监督工作提供了非常有效的技术支持。

DR 检测技术是直接将 X 射线通过数字成像板转换为数字化图像的先进检测技术。其技术原理是，X 射线穿过被检测物体后携带了物体内部的结构厚度组成信息，在经过成像板后，将会把 X 光信号转换为可见光，并利用非晶硅阵列的电子接收单元把可见光转换成电信号加以记录，转换装置输出的信号大小和射入其中的射线强度成正向关系。随后数据采集系统将采集到的信号进行 AD 转换和一定的预处理并输入计算机进行存储和后处理。DR 的出现打破了传统 X 射线检测技术的观念，实现了模拟 X 射线图像向数字化 X 射线图像的转换。DR 检测系统原理如图 10-1 所示。

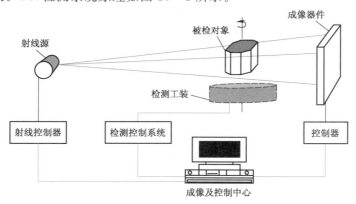

图 10-1 DR 检测系统原理

第二节 DR 透视检测的安全防护

一、辐射防护的基本原则

DR 透视检测技术由于其成像清晰、直观可靠的特点已经越来越多地被用到输变电设备的检测及评价当中。但是 X 射线具有生物效应，超剂量辐射会引起人体放射性损伤，破坏人体的正常组织，并出现病理反应。辐射具有累积作用，超剂量照射是致癌因素之一，并且可能影响下一代，因此在 X 射线检测工作中，安全防护十分重要。

安全防护的目的是为防止发生对健康有害的确定性效应，并把随机性效应的发生几率降低到被认为可以接受的水平，从而降低腐蚀可能造成的危害。辐射防护工作应坚持"预防为主、防治结合、严格管理、安全第一"的原则，按照 GBZ 117—2015《工业 X 射线探伤放射防护要求》中的规定严格执行，并应遵循以下三个基本原则：

（1）辐射实践的正当化，即辐射实践所致的电离辐射危害同社会和个人从中获得的利益相比是可以接受的，这种实践具有正当理由，获得的利益超过付出的代价。

（2）辐射防护的最优化，避免一切不必要的照射。在考虑经济和社会因素的条件下，所有辐射照射都应该保持在能够合理达到的最低的水平。单以个人剂量限制作为设计和安排工作的唯一依据并不恰当，设计辐射防护的真正依据应该是防护的最优化。

（3）个人限值，即在实施辐射实践的正当化和辐射防护的最优化原则的同时，运用剂量限值对个人所受的照射加以限制，使之不超过规定。

二、辐射防护的基本方法

辐射防护的目的在于控制辐射对人体的照射，使其保持在能够达到的最低水平，保证人体所受到的照射剂量不超过国家标准的规定。对于输变电设备的 X 射线透视检测，只需要考虑外照射的防护。通常，对外照射的防护主要采用时间防护、距离防护和屏蔽防护三种方法。

（一）时间防护

时间防护主要通过控制 X 射线对人体的曝光时间来实现。在辐射区域的工作人员，其受到的累积照射剂量与其在辐射区域停留的时间成正比。照射时间越长，人体所受到的照射剂量越大。因此，可以通过提高操作熟练程度、多人轮换操作等方式达到缩短辐射照射时间的效果。

（二）距离防护

距离防护主要是通过控制 X 射线源与人体之间的距离达到防护的目的。在实际检测工作当中，增大 X 射线源与人员之间的物理距离是降低辐射照射的主要方法。当人体与 X 射线源的距离增加一倍时，辐射剂量可以减少到原来的 1/4。

（三）屏蔽防护

屏蔽防护即在在人体和 X 射线源之间设置隔一层强 X 射线吸收层，将大部分 X 射线吸收，而使人体所接受的辐射剂量降到最低。例如，可以通过在固定检测场所设置屏蔽铅房及检测人员佩戴铅服（包括铅帽、铅背心及铅围裙）等方式实现人体与 X 射线源之间的有效屏蔽防护。图 10-2 所示为常用的屏蔽铅房及铅服的屏蔽材料。

（a）屏蔽铅房　　　　　　　　（b）铅服

图 10 - 2　常用辐射防护屏蔽器材

第三节　分　析　与　诊　断

通常将耐张线夹的结构划分为管与钢锚压接位置（Ⅰ号区域）、钢锚与铝绞线钢芯压接位置（Ⅱ号区域）和铝管与导线压接部位（Ⅲ号区域）等三个区域，对各区域分别进行质量评价。

Ⅰ号区域为铝管与钢锚压接位置，其压接质量的判定标准为：

（1）钢锚拉环侧的凸台与铝套管是否压接紧密。

（2）是否有受力导致的弯曲现象。

（3）是否有钢锚管断裂现象。

耐张线夹Ⅰ号区域常见缺陷 DR 图如图 10 - 3 所示。

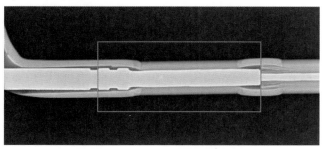

（a）压接位置不正确（凸台漏压）

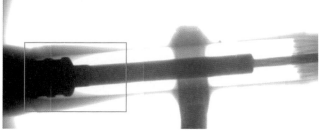

（b）压接位置不正确（凹槽部分漏压）

图 10 - 3（一）　耐张线夹Ⅰ号区域常见缺陷 DR 图

169

（c）凹槽部分漏压实物图

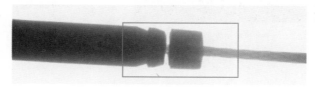

（d）钢锚管断裂

图 10-3（二）　耐张线夹Ⅰ号区域常见缺陷 DR 图

Ⅱ号区域为钢锚与铝绞线钢芯压接位置，此区域压接质量的评判标准为：

（1）钢锚管表面是否光滑，有无飞边、毛刺，管体是否出现裂纹。

（2）钢芯是否贯穿到位、压接紧密。

耐张线夹Ⅱ号区域常见缺陷 DR 图如图 10-4 所示。

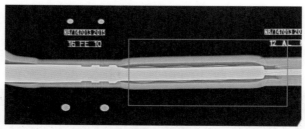

（a）钢锚管飞边严重

（b）钢锚管飞边严重实物图

（c）钢锚管内压接质量不良

图 10-4（一）　耐张线夹Ⅱ号区域常见缺陷 DR 图

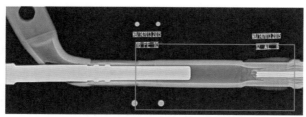

（d）钢锚管未与导线钢芯相压接

（e）钢锚管未与导线钢芯相压接实物图

图 10-4（二）　耐张线夹Ⅱ号区域常见缺陷 DR 图

Ⅲ号区域为铝管与导线压接部位，此区域评定标准为：

（1）铝绞线与钢锚口距离约为 5mm，铝绞线端口整齐、无散股现象。

（2）铝管压接载荷适度，导线或钢芯无损伤。

（3）铝管呈规则六边形，不允许有毛刺、飞边等缺陷。

耐张线夹Ⅲ号区域常见缺陷 DR 图如图 10-5 所示。

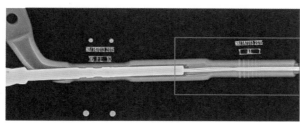

（a）钢芯压接损伤

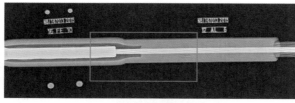

（b）钢芯插入钢锚管不到位

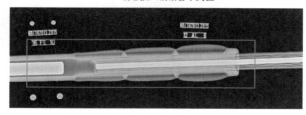

（c）铝管飞边严重且钢芯未插入钢锚管

图 10-5（一）　耐张线夹Ⅲ号区域常见缺陷 DR 图

（d）铝管飞边严重实物图

（e）铝管飞边内部缺陷

图 10 - 5（二）　　耐张线夹Ⅲ号区域常见缺陷 DR 图

第四节　案 例 分 析

一、四分裂导线间隔棒的检测

某 500kV 输电线路在运行过程中发生四分裂导线间隔棒断裂失效，给高压输电线路的安全稳定运行带来了极大的安全隐患，间隔棒的详细信息见表 10 - 1。图 10 - 6 所示为断裂四分裂导线间隔棒现场及宏观形貌。

表 10 - 1　　　　　　　　　　　四分裂导线间隔棒详细信息

样 品 名 称	型 号	材 质	备 注
500kV 四分裂导线间隔棒	JZF4 - 45400	ZL102	断裂

（a）现场形貌

（b）整体

（c）断口

图 10 - 6　断裂四分裂导线间隔棒宏观形貌

利用扫描电子显微镜（SEM）对四分裂导线间隔棒断口进行微区形貌特征分析，间隔棒断口 SEM 形貌如图 10 - 7 所示。断口表面存在大量的且尺寸不一的缩孔、冷隔及气孔等铸造缺陷；并有自表面向内部扩展的线性缺陷。

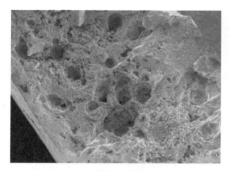
（a）缩孔及气孔

（b）自表面扩展至基体冷隔缺陷

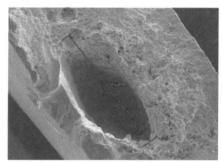
（c）缩孔

图 10-7 间隔棒断口 SEM 形貌

利用 X 射线数字成像系统（DR）对四分裂导线间隔棒进行透视检测，断裂四分裂导线间隔棒 DR 形貌如图 10-8 所示。可以看出，在间隔棒承载机械载荷的支架部位存在大量的缩孔、气孔及冷隔等铸造缺陷。

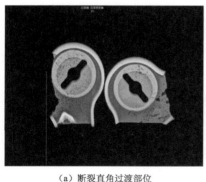
（a）断裂直角过渡部位

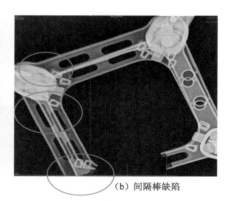
（b）间隔棒缺陷

图 10-8 断裂四分裂导线间隔棒 DR 形貌

二、接地网焊接接头的检测

对各种形式的铜材质接地网材料的焊接接头进行了 DR 检测，发现大部分焊接质量较差，不符合标准要求。焊接接头中普遍存在大量的大尺寸气孔和未熔合等缺陷，严重影响了地网的导通性能和连接强度，接地网材料焊接接头宏观及 DR 透视照片如图 10-9 所示。

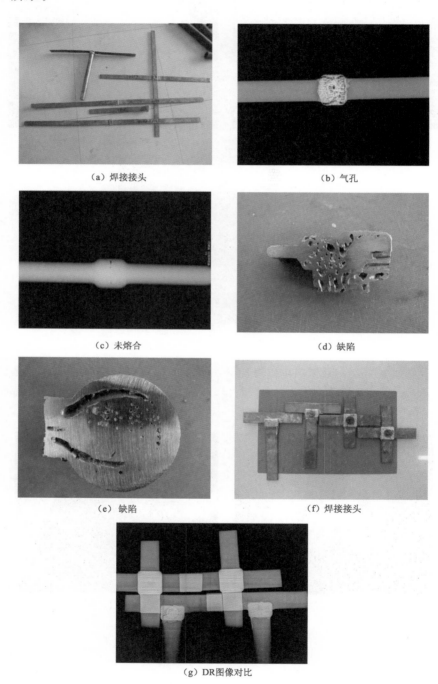

(a) 焊接接头

(b) 气孔

(c) 未熔合

(d) 缺陷

(e) 缺陷

(f) 焊接接头

(g) DR 图像对比

图 10-9　接地网材料焊接接头宏观及 DR 透视照片

通过对大量各种型式的铜材质接地网焊接接头的检测，总结出铜材质接地网焊接接头DR 透视检测的最佳透照参数设置见表 10 - 2 接地网焊接接头透照参数。

表 10 - 2   接地网焊接接头透照参数

接 头 型 式	透照电压/kV	透照电流/mA	透照时间/s
铜条与铜条对接接头、T 形接头	140	1.5	1
铜条与铜条 T 形接头、铜条与铜线对接接头铜条与接地极 T 形接头	150	1.5	1

三、复合绝缘子的检测

对网内使用的各电压等级的复合绝缘子进行了 DR 透视检测，重点检测复合绝缘子有无老化开裂、芯棒与金具套装质量、护套与芯棒粘接质量及伞裙本身内部是否存在气泡等缺陷，复合绝缘子宏观及 DR 照片如图 10 - 10 所示。

（a）整体

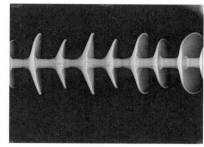

（b）伞裙处

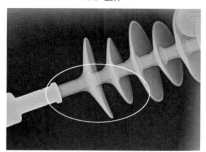

（c）损伤及粘接缺陷

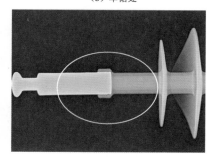

（d）金具连接处开裂

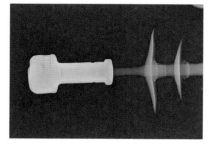

（e）金具部位

图 10 - 10 复合绝缘子宏观及 DR 照片

通过对大量复合绝缘子的检测，总结出复合绝缘子 DR 检测的最佳透照参数设置参见表 10-3。

表 10-3　　　　　　　　　　复合绝缘子透照参数

透照部位	透照电压/kV	透照电流/mA	透照时间/s
伞裙部位	120	1.0	1
芯棒与金具套装部位	140	1.5～2.0	1～1.5

四、瓷绝缘子的检测

某电业局所辖某 110kV 输电线路在运行过程中发生盘形悬式绝缘子炸裂事故，利用 DR 检测技术对盘形悬式绝缘子进行检测，盘形悬式绝缘子实物及 DR 照片如图 10-11 所示。可以看出，炸裂的盘形悬式绝缘子的钢帽与钢脚不同心，钢脚偏斜，且钢脚与瓷体水泥胶装部分存在空穴。

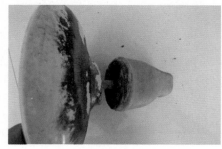

（a）实物　　　　　　　　　　　　　　（b）DR照片

图 10-11　盘形悬式绝缘子实物及 DR 照片

通过对盘形悬式瓷绝缘子试验检测，总结出该类设备 DR 透视检测的最佳透照参数设置参见表 10-4。

表 10-4　　　　　　　　　　盘形悬式绝缘子透照参数

设备名称	透照电压/kV	透照电流/mA	透照时间/s
盘形悬式绝缘子	200～220	2.0	1.5～2

第四篇

电 流 检 测

引　言

　　电力设备带电检测是发现设备潜伏性运行隐患的有效手段，是电力设备安全、稳定运行的重要保障。电流检测是带电检测的一种方法，按照检测类型可分为相对介损带电检测、泄露电流带电检测、接地电流带电检测等。

　　相对介损及电容量比值带电检测适用于电容型电流互感器、电容型电压互感器、耦合电容器和电容型套管等电容型设备，通过测量设备相对介损因数及电容量比值进行检测。该方法是以设备绝缘介质损耗因数和电容量测量方法演变而来，设备绝缘介质损耗因数测量和电容量测量检测针对电气设备绝缘大部分受潮、整体绝缘缺陷等缺陷具有广泛运用，但会受到设备停电周期的限制，而相对介损和电容量壁纸可在设备正常条件下开展，摆脱了停电周期的限制。相对介质损耗因数和电容量比值带电检测方法包括绝对法测量和相对法测量两种，绝对法测量受 TV 角差及二次负荷的影响，测量结果不准确；相对介质损耗因数及电容量比值带电检测则是选择一台与被试设备并联的其他电容型设备作为参考设备，通过测量在其设备末屏接地线或者末端接地线上的电流信号，并通过两电气设备电流信号的幅值比和相角差来获取相对介质损耗因数及电容量，克服了绝对法测量的缺点。

　　泄露电流带电检测适用于氧化锌避雷器设备，通过测量避雷器总泄露电流和阻性泄露电流进行检测。早期人们主要是采用定期停电进行氧化锌避雷器的预防性试验。停电试验主要有两种方法：一种是测量氧化锌避雷器的绝缘电阻和底座绝缘是否低于规定值以检查其内部是否进水绝缘受潮、瓷质裂纹或硅橡胶损伤；另一种是测量氧化锌避雷器直流 $1mA$ 下参考电压 U_{1mA} 和 $75\%U_{1mA}$ 下的泄漏电流，可以准确有效地发现避雷器贯穿性的受潮、脏污劣化或瓷质绝缘的裂纹及局部松散断裂等绝缘缺陷。但是这两种方法都存在缺陷和不足，一方面试验时需要停电，给生产生活都带来不便，费时费力；另一方面停电时氧化锌避雷器的性能状况与运行时的存在差异，不能真实反应实际运行情况。因此，现在更多的是采用带电检测。正常情况下氧化锌避雷器的总泄漏电流只有几十微安，当其老化或者受潮时，泄漏电流中的阻性电流会增加。针对这一特点，避雷器泄漏电流带电或在线监测已成为判断氧化锌避雷器的运行状况的一项重要手段。

　　接地电流带电检测适用于变压器、电力电缆等具有接地要求的设备，通过测量变压器铁芯接地电流、电缆护层接地电流等进行检测。通过接地装置流入大地的电流会因设备运行状态的改变而发生改变，所以对于接地电流的测量可以直接或间接地反应设备运行状况。接地电流测试方法简单，但是不同设备接地电流测试数据反映的意义不同。变压器铁芯接地电流检测能够及时发现铁芯多点接地引起的接地电流变化，是防范铁芯多点接地故障的最直接、最有效的方法，目前大都采取手持式钳形电流表进行检测以及加装铁芯接地电流在线检测装置等方法，这些检测方法可以及时、便捷和较为准确的检测出变压器铁芯的接地电流，除此之外，一些专用的铁芯接地电流检测仪器和装置也越来越多地得到了推广和应用。电缆护层接地电流检测是检查电缆接地系统是否正常的有效手段，目前一般采用便携式大口径钳形电流表对电缆护层电流进行带电测试，也有部分单位研究并安装在线监测装置开展电缆护层接地电流的持续在线监测。

第十一章

电容型设备相对介质损耗因数及
电容量比值带电检测

第一节 检 测 原 理

相对测量法是指选择一台与被试设备 C_x 并联的其他电容型设备作为参考设备 C_n，通过串接在其设备末屏接地线上的信号取样单元，分别测量参考电流信号 I_n 和被测电流信号 I_x，两路电流信号经滤波、放大、采样等数字处理，利用谐波分析法分别提取其基波分量，计算出其相位差和幅度比，从而获得被试设备和参考设备的相对介损差值和电容量比值。考虑到两台设备不可能同时发生相同的绝缘缺陷，因此通过它们的变化趋势，可判断设备的劣化情况，其原理如图 11-1 所示。

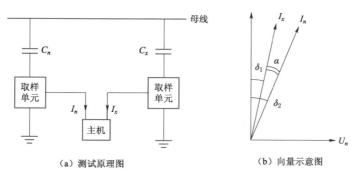

(a) 测试原理图　　　　　　　　　　(b) 向量示意图

图 11-1　相对测量法原理示意图

图 11-1 (b) 是利用另一只电容型设备末屏接地电流作为参考信号的相对值测量法的向量示意图，此时仅需准确获得参考电流 I_n 和被测电流 I_x 的基波信号幅值及其相位夹角 α，即可求得相对介损差值 $\Delta\tan\delta$ 和电容量 C_x/C_n 的值，如式（11-1）和式（11-2）所示。

$$\Delta\tan\delta = \tan\delta_2 - \tan\delta_1 \approx \tan(\delta_1 - \delta_2) = \tan\alpha \qquad (11-1)$$

$$C_x/C_n = I_x/I_n \qquad (11-2)$$

相对介质损耗因数是指在同相相同电压作用下，两个电容型设备电流基波矢量角度差的正切值（即 $\Delta\tan\delta$）。相对电容量比值是指在同相相同电压作用下，两个电容型设备电流基波的幅值比（即 C_x/C_n）。

第二节　检测仪器的使用及维护

电容型设备相对介质损耗因数及电容量比值带电检测系统一般由取样单元、测试引线和主机等部分组成，如图 11-2 所示。取样单元用于获取电容型设备的电流信号；测试引线用于将取样单元获得的信号引入到主机；主机负责数据采集、处理和分析。

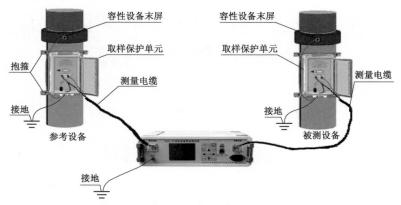

图 11-2　容性设备带电检测仪器组成

一、仪器主机

仪器主机负责数据采集、处理和分析，对于无线型测试仪器，有两台主机。

性能要求：仪器主机应具备的主要技术指标见表 11-1。

表 11-1　　　　　　　　相对介质损耗因数和电容量比值带电测试系统性能指标

检测参数	测量范围	测量误差要求
电流信号	1～1000mA	±（标准读数×0.5％+0.1mA）
电压信号	3～300V	±（标准读数×0.5％+0.1V）
介质损耗因数	-1～1	±（标准读数绝对值×0.5％+0.001）
电容量	100～50000pF	±（标准读数×0.5％+1pF）

使用条件：测试仪的环境条件应满足以下要求：环境温度：-25～40℃；环境湿度小于80％

维护：测试仪器应每年校验一次，长期不用时应定期开机（至少 3 个月 1 次），并对其进行充放电。

储存：包装完好的测试仪应满足 GB 25480—2010《仪器仪表运输、贮存基本环境条件及试验方法》规定的贮存运输要求，长期不用的测试仪应保留原包装，贮存仪器的库房无酸、碱、盐及腐蚀性、爆炸性气体和灰尘以及雨、雪的侵害。

二、信号取样单元

信号取样单元的作用是将设备的接地电流引入到测试主机，测试准确度及使用安全性是其技术关键，必须避免对人员、设备和仪器造成安全伤害。目前所使用的电容型设备带电测试取样装置主要可以分为两种,即接线盒型和传感器型(其中传感器型还可以分为有源传感器和无源传感器)。

取样单元性能要求:取样单元应采用金属外壳,防护等级不低于 IP65,具备优良的防锈、防潮、防腐性能,且便于安装。取样单元应采用多重防开路保护措施,能有效防止测试过程中因接地不良和测试线脱落等原因导致的末屏电压升高,保证测试人员的安全,且不影响被测设备的正常运行。对于电容型套管,应安装专用末屏适配器,并保证其长期运行时的电气连接及密封性能。对于线路耦合电容器,为避免对载波信号造成影响,宜采用在原引下线上直接安装穿芯电流传感器的取样方式。取样回路的连接电缆或导线应具有较高的机械强度,并应在被测设备的末屏引出端就近加装可靠的防开路保护装置。取样单元应免维护,正常使用寿命不应低于 10 年。

工作条件:工作温度-10~+50℃;工作湿度不大于 90%。

维护:取样单元应免维护,正常使用寿命不应低于 10 年。

三、设备末屏引下方式

电容型设备相对介质损耗因数及电容量比值带电检测需要将设备末屏(或低压端)进行引下改造,由于各类设备的结构不同,其引下方式也不同。

1. 电流互感器、耦合电容器

这两类设备由于结构简单,其末屏引下线方式也较简单。直接将末屏接地打开,用双绞屏蔽电缆引下至接线盒型取样单元接地或穿过穿芯电流传感器接地。

2. 电容式电压互感器

对于中间变压器末端(X 端)接地可以打开的情况,应选用如图 11-3(a)所示的优先方案,把 X 端接地打开,把电容分压器的末端(N 端)和 X 端连接后引下,其优点是所有接地电流均流过测试仪器,能够全面反映设备绝缘状况。如果 X 端接地无法打开,可选用如图 11-3(b)所示的备选方法,可以把 N 端和 X 端连接打开后,将 N 端单独引下,在这种方式下,只有大部分电流流过测试仪器,另一小部分电流经中间变压器分流入地,对设备绝缘状况的反应不如前者全面。

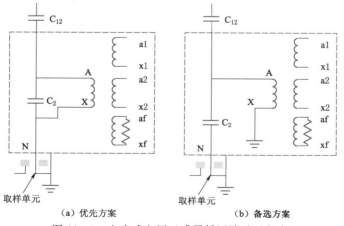

图 11-3 电容式电压互感器低压端引下方式

3. 变压器套管

套管末屏接地一般分为外置式、内置式和常接地式,其接地引下改造首先要保证其在运行中不会失去接地。

(1)外置式:套管末屏抽头的导杆外露(可见,且带有 M6 或 M8 螺纹),直接通过金属连片或金属导线进行接地,自身具备密封性能,如图 11-4(a)所示。早期的国产套管常采用该方式,开展带电测试时可直接使用,通常不需要进行改造。

(2)内置式:套管末屏抽头隐藏在金属帽内(不可见),通过金属帽内部的卡簧或顶簧接地,如图 11-4(b)所示。开展带电测试时需要安装专门设计的末屏适配器,以便安全可靠地引出套管末屏信号,同时又能保持原有的密封性能不变。

(3)常接地式:套管末屏抽头隐藏在金属帽内(不可见),抽头导杆上带有弹簧接地套筒(只有向内按动时方可打开接地连接),金属帽仅起密封盒防护作用,如图 11-4(c)所示。开展带电测试时需要安装专门设计的末屏适配器,以便安全可靠地引出套管末屏信号,同时又能保持原有的密封性能不变。

(a)外置式   (b)内置式   (c)常接地式

图 11-4 常见的变压器套管末屏结构

变压器套管末屏适配器通常有两种,一种是内部含有传感器的,通常仅适应于末屏接地帽尺寸较大的情况,如图 11-5 所示,且要保证传感器的精度及长期运行可靠性;另一种内部不含传感器的,仅把末屏抽头可靠引出并保持密封性能,如图 11-6(a)所示,目前多采用该方式,且要求在末屏引出端就近加装放开路(断线)保护器,如图 11-6(b)黑色器件。

(a)外观图   (b)内部结构图

图 11-5 内部含有传感器的末屏适配器

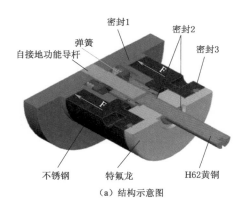

（a）结构示意图 　　　　　　　　　　　（b）外观图

图 11-6　内部不含传感器的末屏适配器

第三节　现　场　检　测

一、检测流程

（一）工作前准备

（1）工作前应办理变电站第二种工作票，并编写电容型设备带电检测作业指导书、现场安全控制卡和工序质量卡。

（2）试验前应详细掌握被试设备和参考设备历次停电试验和带电检测数据、历史缺陷、家族性缺陷、不良工况等状态信息。

（3）准备现场工作所使用的工器具和仪器仪表，必要时需要对带电检测仪器进行充电。

（二）测试前准备

（1）带电检测应在天气良好条件下进行，确认空气相对湿度应不大于80%。环境温度不低于5℃，否则应停止工作。

（2）选择合适的参考设备，并备有参考设备、被测设备的停电例行试验记录和带电检测试验记录。

（3）核对被试设备、参考设备运行编号、相位，查看并记录设备铭牌。

（4）使用万用表检查测试引线，确认其导通良好，避免设备末屏或者低压端开路。

（5）开机检查仪器是否电量充足，必要时需要使用外接交流电源。

（6）采用无线传输模式时，应先检查通信质量。

（三）接线与测试

（1）将带电检测仪器可靠接地，先接接地端再接仪器端，并在其两个信号输入端连接好测量电缆。

（2）打开取样单元，用测量电缆连接参考设备取样单元和仪器 I_n 端口，被试设备取样单元和仪器 I_x 端口。按照取样单元盒上标示的方法，正确连接取样单元、测试引线和主机，接好测试线后打开取样单元刀闸及连接压板。防止在试验过程中形成末屏开路。

（3）打开电源开关，设置好测试仪器的各项参数。

（4）进行测试，当测试数据较为稳定时，停止测量，并记录、存储测试数据；如需要，可重复多次测量，从中选取一个较稳定数据作为测试结果。

（5）测试数据异常时，首先应排除测试仪器及接线方式上的问题，确认被测信号是否来自同相、同电压的两个设备，并应选择其他参考设备进行比对测试。

（四）记录并拆除接线

（1）测试完毕后，参考设备侧人员和被试设备侧人员合上取样单元内的刀闸及连接压板。仪器操作人员记录并存储测试数据、温度、空气湿度等信息。

（2）关闭仪器，断开电源，完成测量。

（3）拆除测试电缆，应先拆设备端，后拆仪器端。

（4）恢复取样单元，并检查确保设备末屏或低压端已经可靠接地。

（5）拆除仪器接地线，应先拆仪器端，再拆接地端。

现场检测流程如图 11-7 所示。

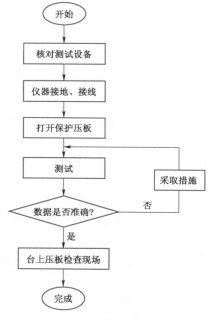

图 11-7　现场检测流程图

二、现场检测应注意的问题

（一）人员要求

（1）熟悉电容型设备介质损耗因数和电容量带电测试的基本原理、诊断程序和缺陷定性的方法，了解电容型设备带电检测仪器的工作原理、技术参数和性能，掌握带电检测仪的操作程序和使用方法。

（2）了解各类电容型设备的结构特点、工作原理、运行状况和设备故障分析的基本知识。

（3）熟悉本标准，接受过电容型设备介质损耗因数和电容量带电测试的培训，具备现场测试能力。

（4）具有一定的现场工作经验，熟悉并能严格遵守电力生产和工作现场的相关安全管理规定。

（5）带电检测过程中应设专人监护。监护人应由有带电检测经验的人员担任，拆装取样单元接口时，一人操作，一人监护。对复杂的带电检测或在相距较远的几个位置进行工作时，应在工作负责人指挥下，在每一个工作位置分别设专人监护。带电测试人员在工作中应思想集中，服从指挥。

（二）安全要求

（1）应严格执行 GB 26860—2011《电力安全工作规程　发电厂和变电站电气部分》和发电厂、变（配）电站巡视的要求；带电检测过程中，按照 GB 26860—2011 要求应与带电设备保持足够的安全距离。

（2）应有专人监护，监护人在检测期间应始终行使监护职责，不得擅离岗位或兼职其他工作。

（3）防止设备末屏开路。取样单元引线连接牢固，符合通流能力要求；试验前应检查电流测试引线导通情况；测试结束保证末屏可靠接地。

（4）带电检测测试专用线在使用过程中，严禁强力生拉硬拽或摆甩测试线，防止误碰带电设备。

（三）测试设备要求

（1）被测设备处于同参考设备同相位同幅值作用下的运行状态，且表面应清洁、干燥。

（2）信号取样单元应处于接入状态，且设备末屏（或高压尾端）接地引下方法应符合要求。

（3）选取的参考设备停电例行试验数据应稳定，介质损耗因数应相对较小。

（4）参考设备选定后不宜更换，确需更换时，应将更换后的被测设备首次测量值作为初值进行诊断。

（5）应优先选择与被测设备处于同母线或直接相连母线上的同相同类型设备作为参考设备，如同母线或直接相连母线上无同类型设备，可选择同相异类设备。

（6）多母线分列运行时，各段母线宜分别选择参考设备。

（四）测试环境要求

对于同一变电站电容型设备带电检测工作宜安排在每年的相同或环境条件相似的月份，以减少现场环境温度和空气相对湿度的较大差异带来数据误差。

第四节　故障分析与诊断

一、电流幅值及相位角变化规律与缺陷的关系

（1）对于在同一参考设备下的电流互感器/套管带电测试，其判断应符合下列标准：

1）同相设备介损测量值与初始测量值比较，变化量不大于 0.003，电容量比值与初始测量值比较，初值差不超过±5%；

2）同相同厂同型号设备介损测量值与初始测量值比较，变化量不大于 0.003。

（2）对于在同一参考设备下的电容式电压互感器/耦合电容器带电测试，介损测量值与初始测量值比较，变化量不大于 0.003，电容量比值与初始测量值比较，初值差不超过±2%。

相间比较法①同厂同型号的三相电容型设备，其带电测试结果不应有明显差异。②必要时，可依照公式（11-3）和式（11-4），根据参考设备停电例行试验结果，把带电测试得到的相对介质损耗因数和电容量比值换算成绝对量，并参照 DL/T 393—2010《输变电设备状态检修试验规程》的规定判断其绝缘状况。

$$\tan\delta X_0 = \tan(\delta_X - \delta_N) + \tan\delta N_0 \qquad (11-3)$$

$$C_{X0} = C_X / C_N \times C_{N0} \qquad (11-4)$$

式中　$\tan\delta X_0$——换算后的被测设备介质损耗因数绝对量；

$\tan\delta N_0$——参考设备最近一次停电例行试验测得的介质损耗因数；

$\tan(\delta_X - \delta_N)$——带电测试获得的相对介质损耗因数；

C_{X0}——换算后的被测设备电容量绝对量；

C_{N0}——参考设备最近一次停电例行试验测得的电容量；

C_X/C_N——带电测试获得的电容量比值。

二、故障诊断

（1）测试数据异常时，应分别排查测试仪器是否正常、测试接线及信号来源是否正确、信号取样单元是否完好，必要时可选择其他参考设备进行比对测试。

（2）测试结果超标时，应结合设备的历史运行状况、历次试验数据、同类型设备的参考数据进行分析，必要时进行停电综合诊断（如油样分析、局放测试、高电压介损试验），停电试验前应增加测试频次加强跟踪。

（3）测试结果超标时，对电容式电压互感器，还可结合运行条件下的二次电压进行横向和纵向比较分析。

第五节　案　例　分　析

一、案例一

（一）案例概述

2010 年 8 月 4 日，在对某 220kV 变电站电流互感器开展相对介损和电容量带电检测时，发现 212 单元 A 相电流互感器相对介损值远远高于同单元 B、C 两相，但电容量未发现异常；油色谱数据显示总烃含量严重超标，并有乙炔出现；解体后发现电容屏上出现 X 蜡。

（二）测试数据

被测设备（220kV 油纸电容型电流互感器）相对介质损耗因数及电容量比值历年带电测试数据见表 11-2。

表 11-2　　　　　　　　　　被测设备带电测试数据

测试时间	测试参量	A 相	B 相	C 相
2010-08-04	相对介质损耗因数	0.0256	0.003	−0.0002
	电容量比值	1.0069	0.9923	0.9943
2009-07-21 （初值）	相对介质损耗因数	0.001	0.0015	0.0005
	电容量比值	0.9989	0.9945	0.9975

被测及参考设备（电流互感器）历史停电试验数据见表 11-3。

表 11-3　　　　　　　　　历　史　停　电　试　验　数　据

单元	测试时间	测试参量	A 相	B 相	C 相
参考设备	2008-10-11	介质损耗因数	0.00265	0.00289	0.00262
		电容量/pF	789.5	793.6	785.6
被测设备	2008-10-12	介质损耗因数	0.00285	0.00275	0.00278
		电容量/pF	796	788.5	782.3

（三）数据分析

1. 同相比较分析

表11-2中被测设备A相2010年相对介质损耗因数带电测试为0.0256，而上一次（2009年）的测试值为0.001，其变化量的绝对值超0.003，超出本教材关于相对介质损耗因数变化量的规定。

2. 相间比较分析

依据本教材给出的方法，对表11-2中被测设备A相的相对介质损耗因数进行换算，得到绝对介质损耗因数值为0.02825，超过了DL/T 393—2010《输变电设备状态检修试验规程》中介质损耗因数不超过0.8%的判断规定，建议尽快做停电综合诊断。

（四）综合诊断

1. 油样的色谱和微水试验

被测设备A相油样的色谱数据见表11-4，油样的微水含量为20mg/L。初步判断为内部存在低能量放电性故障。

表11-4　　　　　　　　　　　被测设备A相油色谱数据　　　　　　　　　单位：μL/L

气体种类	CH_4	C_2H_4	C_2H_6	C_2H_2	H_2	CO	CO_2
含量	1498.10	0.91	114.53	1.34	45586.01	155.64	637.72

2. 离线测试

2010年8月11日，被测设备A相停电介损及电容量试验数据分别为0.02165、793.6pF。A相介损值超过了DL/T 393—2010《输变电设备状态检修试验规程》的判断规定，并与带电测试换算结果0.02825接近。

3. 局部放电试验

被测设备A相的局部放电起始电压为62kV，熄灭电压为50kV。$1.2U_m\sqrt{3}$下局部放电量达到578pC，局部放电量严重超标。

4. 分析结论及结果处理

被测设备A相内部存在绝缘缺陷，属于局部低能量放电性故障，应退出运行。

解体检查发现电容屏褶皱并出现X蜡，见图11-8被测设备A相电流互感器电容屏上析出的蜡质。

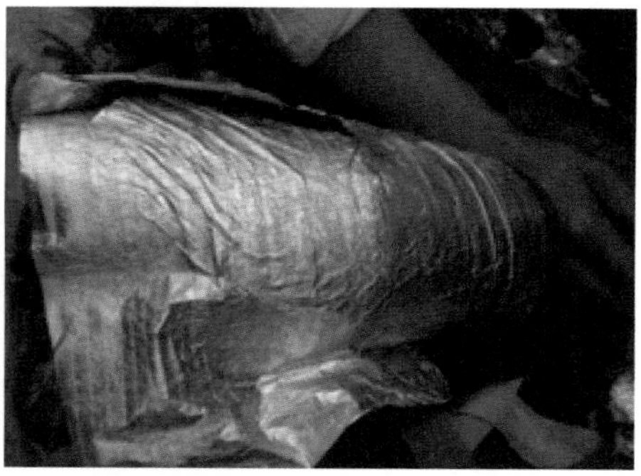

二、案例二

（一）案例概述

2013年3月19日，在对某220kV变电站193单元C相电流互感器进行介质及电容量带电测试时，发现其相对介质损耗因数较历次测试数据增大明显，高于同一单元A、B两相，综合油色谱分析、红外测温测试数据，判断认为该电流互感器存在缺陷，解体发现其电容屏出现不同程

图11-8　被测设备A相电流互感器
电容屏上析出的蜡质

度的纵向开裂,电场畸变引起局部放电造成绝缘劣化。

(二)带电测试与分析

2013 年 3 月 19 日,对某 220kV 变电站进行例行电容型设备带电测试时发现,193 单元 C 相电流互感器相对介质损耗因数较 A、B 相横向比较,其变化趋势明显不同。

将本次测试数据与该设备初值数据进行纵向比较(将临近 187 单元电流互感器作为参考设备),C 相的相对介质损耗因数变化量为 0.0043,超过规定值,而另外 A、B 相变化很小、未超过规定值。193 单元电流互感器带电测试相对介质损耗及电容量数据见表 11-5。

表 11-5　　　　　　　　　193 单元电流互感器带电测试相对
介质损耗及电容量数据

试验时间	参考设备	测 试 数 据		
		A	B	C
2012-10-25（初值）	187	-0.0001/0.9454pF	0.0009/1.0129pF	0.0006/1.0054 pF
2013-03-19	187	0.0003/0.9462pF	0.0012/1.0136pF	0.0049/0.9994 pF

(1)纵向分析。193 单元 C 相电流互感器 2013 年带电测试介损值较 2012 年增长为 0.0043,变化量大于 0.003 且不大于 0.005,达到异常标准。电容量未见异常。

(2)横向分析。A、B 相的带电测试数据较稳定,但 C 相电流互感器相对介损值有较明显的增长,与 A、B 相变化趋势明显不同。

(3)对相对值进行换算。187 单元电流互感器停电例行试验数据见表 11-6,参考设备 187 单元 C 相电流互感器的停电介损值为 0.00258;193 单元 C 相电流互感器的相对介质损耗因数为 0.0049,根据换算公式,推算出 193 单元 C 相电流互感器本次的介损值为 0.00748。

表 11-6　　　　　　　　　187 单元电流互感器停电例行试验数据

试验时间	试 验 数 据		
	A	B	C
2008-05-18	0.00288/667.1pF	0.002/626.7pF	0.00258/645.1pF

为避免参考设备选择不当对测试结果的影响,以 188 单元电流互感器为参考设备再次对 193 单元进行测试。经比对,193 单元 C 相相对介损值较 A、B 相仍有较大变化,可以排除 187 单元 C 相电流互感器存在质量问题。

考虑到影响带电测试数据的因素较多,于是对该电流互感器补充进行了红外测温和带电油色谱分析试验作为参考。红外测温结果显示无明显异常。油色谱试验数据显示 C 相设备试验色谱分析氢气含量 13011.9μL/L、总烃 640.0μL/L,见表 11-7 193 单元 C 相电流互感器油色谱试验数据,均严重超过注意值,经计算三比值为编码为 010,故障类型判断为低能量密度的局部放电。

表 11-7　　　　　　　193 单元 C 相电流互感器油色谱试验数据　　　　　　　单位：μL/L

日期	CH_4	C_2H_6	C_2H_4	C_2H_2	C_1+C_2	H_2	CO	CO_2	微水 /(mg/L)
2013-03-20	621.77	17.84	0.46	0	640.0	13011.9	377.03	1761.15	1.9
2008-03-19	2.9	0.7	0.3	0	3.90	167.0	352	1420	4
2005-04-13	1.9	0.5	0.2	0	2.60	99.0	103.9	447.7	—

初步判定 193 单元 C 相电流互感器存在严重缺陷。

（三）综合分析

随后，对 193 单元 C 相电流互感器进行停电更换，并对更换下来的电流互感器进行诊断试验。

1. 主绝缘介损和电容量测试

193 单元电流互感器更换后停电介损及电容量试验数据见表 11-8，C 相试验介损值与换算介损值比较，变化趋势一致。

表 11-8　　　　　　　193 单元电流互感器更换后停电介损及电容量试验数据

试验项目	日期	试 验 数 据		
		A	B	C
主绝缘介损/电容量	2008-03-19	0.00280/630.7pF	0.00290/634.8pF	0.00319/648.6pF
	2013-03-20	0.00318/631.2pF	0.00323/635.2pF	0.00403/644.7pF

2. 额定电压下介损试验

测量 $\tan\delta$ 与测量电压之间的关系曲线，测量电压从 10kV 到 $U_m/\sqrt{3}$，$\tan\delta$ 的增量大于 ±0.003，判断设备存在内部绝缘缺陷。193 单元电流互感器更换后诊断试验数据详见表 11-9。

表 11-9　　　　　　　193 单元电流互感器更换后诊断试验数据

序　号	电压/kV	介　损	电容量/pF
1	13.24	0.00436	644
2	30.5	0.00477	644.8
3	52.88	0.00574	645.8
4	64.01	0.00697	647.4
5	74.82	0.0075	648.8
6	64.01	0.007	647.3
7	52.88	0.0059	645.9
8	30.5	0.00488	645.1
9	13.24	0.00436	644

3. 局部放电测试

施加电压 $U_m/\sqrt{3}$，局部放电量 234pC，也超过标准要求。起始放电电压 57kV，熄灭电压 31kV。

4. 综合分析

综合以上油色谱、容性设备带电检测、额定电压下介损电容量、局部放电测试结果，判断 193C 相 TA 内部存在低能量密度的局部放电缺陷。

(四) 解体检查

对更换下来的 B 相电流互感器进行了解体检查：发现电流互感器 L2 端腰部内侧第 4 屏、第 5 屏、第 6 屏铝箔纸均出现不同程度的纵向开裂，长度为 150mm，纵向宽度为 5mm，其中第 6 屏最为严重，如图 11-9 解体检查结果所示。缺陷原因为生产厂家在制造过程中，L2 端子腰部安装受力不均，铝箔纸挤压出现开裂，产生空穴（气隙）。在运行电压下，出现场强分布不均，导致低能量放电，绝缘劣化介损增大。

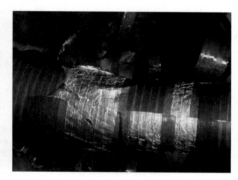

图 11-9　解体检查结果

避雷器泄漏电流带电检测

第一节 检 测 原 理

在系统运行电压下，金属氧化物避雷器的总泄漏电流由阀片柱泄漏电流、绝缘杆泄漏电流和瓷套泄漏电流三部分组成，正常情况下，绝缘杆泄漏电流和瓷套泄漏电流比阀片柱泄漏电流小很多，因此测量到的总泄漏电流可视为通过阀片的泄漏电流。

图 12-1 避雷器等值电路所示为金属氧化物避雷器的等值电路示意图，由非线性电阻 R 和电容 C 并联构成。U 为电网电压，I_R 为阻性泄漏电流，I_C 为容性泄漏电流，I_X 为总泄漏电流。

正常运行时，阻性电流 I_R 仅占总泄漏电流不到 20%，主要包括：瓷套内外表面的沿面泄漏、阀片沿面泄漏及阀片非线性阻性分量、绝缘支撑件的泄漏等，它对阀片初期老化、受潮等反应比较灵敏。当避雷器内部绝缘状况不良、电阻片特性发生变化时（如阀片老化、受潮、内部绝缘件受损）以及表面严重污秽时，非线性电阻 R 减小明显，阻性电流 I_R 随之明显增加，而容性电流 I_C 基本保持不变。

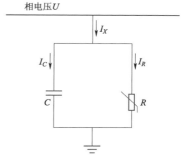

图 12-1 避雷器等值电路

目前针对避雷器的带电检测方法主要有全电流测试法和阻性电流检测法。其中阻性电流检测是通过采集避雷器全电流信号，并对同步采集的电压信号进行数字信号处理后经不同的算法计算得出，检测原理分为三次谐波法、容性电流补偿法、基波法、波形分析法等。

（一）全电流测试法

该方法通过测量接地引线上通过的泄漏全电流来反映阻性电流分量的大小，最简单的方法是用数字式万用表（也可采用交流毫安表、经桥式整流器连接的直流毫安表），接在动作计数器上进行测量。但由于阻性电流仅占很小的比例，即使阻性电流已显著增加，总电流的变化仍不明显，该方法灵敏度很低，只有在避雷器严重受潮或老化的情况下才能表现出明显的变化，不利于避雷器早期故障的检测，可以用于不是很重要的避雷器检测或用于避雷器运行状况的初判。

（二）三次谐波法

三次谐波阻性电流 I_{R3} 与阻性全电流 I_R 存在比例关联，因此，可通过检测三次谐波阻性电流的大小，再通过比例转换，便可获得阻性全电流 I_R，这就是三次谐波法的原理，此方法又称呼为零序电流法。因为金属氧化物避雷器具有优秀的非线性特性，致使其泄漏电流中的阻性泄漏电流包括基波、三次、五次、七次和更高次的谐波，而且频次越高，所占比例越少。其中，对温度变化最敏感的为三次谐波，而且老化期间避雷器阻性电流早期的变化主要体现为三次谐波分量的增大。由此，依据避雷器阻性电流和各次谐波之间的比例关系（五次及以上的谐波含量很少，基本可以忽略），通过检测三次谐波阻性电流的大小，再通过比例转换，便可获得阻性全电流 I_R。

通过三相共同接地的小电流互感器可以测得零序电流。当电网中的电压不包含谐波时，三相泄漏电流中基波分量中 I_C 与 I_R 互相抵消，三相共同接地的引线中就只余下三次谐波零序电流 I_0。大小相当于三相中三次谐波电流之和。正常运行时，I_{R3} 数值很小，但当其中一相或者三相避雷器出现异常状况时，三相泄漏电流不均衡，零序电流 I_0 剧增，其中包含有泄漏电流基波成分，能够及时有效发现避雷器故障。三次谐波法测量原理图如图 12-2。

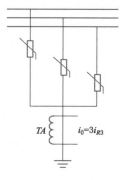

图 12-2　三次谐波法
测量原理图

TA　$i_0 = 3i_{R3}$

（四）基波法

该方法利用阻性基波电流是一个定值，运用数字滤波分析技术，提取基波电压、电流，将基波电流投影到基波电压上获取基波电流中的阻性电流分量，从而得到避雷器阻性电流的大小，判断避雷器的运行工况。具体测量时，利用 TV 得到电网的电压信号，用 TA 钳在避雷器的接地线上，经过计算得到避雷器泄漏电流的基波值。基波法的优点主要有易排除相间干扰，精确度相对较高，受电网谐波影响很小。缺点主要有获取的电压、电流存在相角偏差且需要处理的数据量很大，对处理器的要求较高。

（三）容性电流补偿法

由于金属氧化物避雷器的非线性特性，在流过的阻性电流分量中，不仅含有基波分量，还含有三次谐波为主的奇次谐波分量。因此，为了测量泄漏电流的阻性分量，就必须在工频电压作用下从全电流中将容性电流补偿掉。在正常情况下，三相交流电源的各相电压是对称的，其相位角为 120°，三相交流电源相位角如图 12-3 所示。这样，任何一相的相电压与另外两相的线电压自然地互为正交关系，在运行电压作用下，任何一相泄漏电流的容性分量与另外两相的线电压成同相或反相关系。用电压与电流的相位关系可实现对容性电流分量的补偿，从而测出避雷器泄漏电流中的阻性分量。

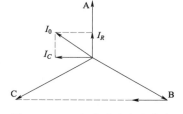

图 12-3　三相交流电源相位角

（五）波形分析法

波形分析法运用数字谐波分析技术获取基波电压、电流，运用傅里叶变换对同步检测到的电流和电压信号进行波形分析，得到阻性电流和电压各次谐波的相角和幅值，得出阻性电流基波分量和各次谐波分量，并求得波形的峰值和有效值等参数。波形分析法的优点主要有原理清楚，可有效测量阻性电流基波分量和高次谐波分量，可以较为准确地判断避雷器的运行状况及性能下降原因，缺点主要有受相间干扰影响。

以上几种避雷器带电检测方法优缺点见表 12 - 1。

表 12 - 1　　　　　　　　　　避雷器泄漏电流带电检测方法的优缺点比较

测试方法	优　　点	缺　　点
全电流法	不需要电压参考量；测试方法简单，易实现在线监测	不易发现早期老化缺陷
三次谐波法	不需要电压参考量；测量方便、操作简便	电网谐波影响较大。不适用于电气化铁路沿线的变电站或有整流源的场所
补偿法	需要测取电压参考量；原理清楚，方法简便	受相间干扰及电网谐波影响较大
基波法	需要测取电压参考量；原理清楚，操作简便	受相间干扰影响；不能有效地反映避雷器电阻片的老化情况
波形分析法	需要测取电压参考量；原理清楚，可有效测量阻性电流基波和高次谐波分量，可以较为准确地判断避雷器的运行状况及性能下降原因	受相间干扰影响

注：如今微型计算机在仪器设备中得到广泛应用，从测量精度等多方面考虑，现场检测推荐波形分析法。

第二节　　检测仪器的使用及维护

一、现有检测仪器分类

现市面上有很多种不同原理的避雷器带电测试仪，按测量方法分：有使用阻性电流基波法或容性电流补偿法，需要取电压参考信号的；有使用感应板法，从母线下的板子取参考信号的；也有采用谐波法，不用取电压参考信号的等。现在，很多仪器都同时具有几种测量功能的，可在不同的环境下选用不同的方法。

按信号处理类别可分为模拟信号和数字信号两类。一般情况下，采样模拟信号的仪器都为有线传输电压信号（即采集了电压信号后通过同轴电缆传输到测试电流信号的主机），而采样数字信号的仪器多为无线传输电压信号（即采集了电压信号后通过天线发射传输到测试电流信号的主机）。无线传输相对于有线传输具有布线简单的优势。

二、检测仪器构成与功能

测试引线将避雷器泄漏电压或电流信号输入避雷器泄漏电流带电检测仪，检测仪器可进行采集、处理和分析信号数据，避雷器泄漏电流带电检测仪构成及功能示意图如图 12 - 4 所示。

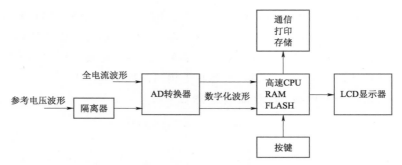

图 12 - 4　避雷器泄漏电流带电检测仪构成及功能示意图

避雷器泄漏电流带电检测仪的通用基本功能主要包括：

（1）可显示全电流、阻性电流值、功率损耗。

（2）测试数据可存储于本机并可导出。

（3）可充电电池供电，充满电单次供电时间不低于 4h。

（4）可以手动设置由于相间干扰引起的偏移角，消除干扰。

（5）具备电池电量显示及低电压报警功能。

避雷器泄漏电流带电检测仪的高级功能主要包括：

（1）可显示参考电压、全电流、容性电流值，以及阻性电流基波及三次、五次、七次谐波分量。

（2）可以自动边补消除相间干扰。

（3）可以实现参考电压信号的无线传输。

（4）可以实现三相金属氧化物避雷器泄漏电流同时测量。

（5）配有蓝牙接口，可以无线读取检测数据。

（6）配有高精度钳形电流传感器，可实现低阻计数器电流取样。

三、检测仪器使用与维护

针对不同种类避雷器泄漏电流带电测试仪，有不同的使用说明书，但中华人民共和国电力行业标准 DL/T 987—2017《氧化锌避雷器阻性电流测试仪通用技术条件》规定了氧化锌避雷器阻性电流测试仪在使用维护过程中的通用技术条件。

（一）工作条件

测试仪的工作条件应满足以下要求：

（1）环境温度：$-10\sim+50$℃。

（2）相对湿度：不大于 80%。

（3）电源电压：交流 220V±22V。

（4）电源频率：50Hz±0.5Hz。

（二）外观

测试仪的外观应满足以下要求：

（1）表面无划伤、裂纹和变形现象。

（2）各按键及开关操作灵活，无卡涩现象。

（3）显示器显示清晰，无缺陷。

（4）铭牌、标志清晰完整。

（三）基本功能

测试仪应满足以下基本功能要求：

（1）具备参考电压、全电流、阻性电流、相位角等参数的测量功能。

（2）具备测量数据存储、查询、导出、打印、上传功能。

（3）具备测试对象信息的录入、查询、导出、打印、上传功能。

（4）宜具备适用的通信接口及对通信协议的适应性。

（5）对于采用直流电池供电的测试仪，应能显示剩余电量。

（6）对于电压、电流传感器与主机采用无线方式连接的测试仪，传感器与主机之间有效传输距离不宜小于 50m。

（四）性能要求

1. 测量性能

测试仪各性能测量范围应满足以下要求：

参考电压：20～100V；全电流：0.1～50mA；阻性电流：0.01～10mA；容性电流：0.1～50mA；相位角：0°～90°。

2. 最大允许误差

测试仪各项参数最大允许误差限值应不超过表 12-2 测量参数最大允许误差限值给出的限值。

表 12-2　　　　　　　测量参数最大允许误差限值

参数名称	最大允许误差限值	参数名称	最大允许误差限值
参考电压	$\pm(0.8\%U_X + 0.2\%U_m)$	容性电流	$\pm(4\%I_{CX} + 1\%I_{tCX})$
全电流	$\pm(0.8\%I_{tX} + 0.2\%I_m)$	相位角	$\pm 0.1°$
阻性电流	$\pm(4\%I_{rX} + 1\%I_{trX})$		

注：U_X—参考电压测量示值；

U_m—参考电压示值量程满度值；

I_{tX}—全电流测量示值；

I_m—全电流示值量程满度值；

I_{rX}—阻性电流测量示值；

I_{trX}—阻性电流示值满度值；

I_{CX}—参考电压测量示值；

I_{tCX}—参考电压测量示值。

3. 示值分辨力

测试仪的示值分辨力应与对应示值最大允许误差相适应，通常不超过示值最大允许误差的 1/10。

4. 参考电压的变压比

测试仪应能设定变压器比以将参考电压显示值折算到电压互感器一次侧电压值。变压比设定功能应不影响其他测量功能的计量性能和示值分辨力。

5. 输入阻抗

测试仪参考电压测量端输入阻抗应不小于 200kΩ，电流测量端输入阻抗应不大于 10Ω。

（五）安全性能

1. 绝缘电阻

测试仪电源输入端对机壳的绝缘电阻应大于 20MΩ。

2. 介电强度

测试仪电源输入端对机壳应能承受工频电压 2kV、历时 1min 的耐压试验，并无击穿、飞弧现象。

（六）电磁兼容性能

参照 GB/T 18268.1—2010《测量、控制和实验室用的电设备 电磁兼容要求 第 1 部分：通用要求》中 6.2 相关规定，测试仪的电磁兼容性能要求见表 12-3。

表 12-3　　　　　　　　　　　　　　　电磁兼容性能要求

端　口	性 能 项 目	实 验 值	性 能 判 据
外壳	静电放电（ESD）	接触放电 4kV，空气放电 8kV	B 以上（含 B）
	射频电磁场辐射	10V/m	B
	额定工频磁场	100A/m	A
交流电源	电压暂降	60%，10 周期	C
	短时中断	0%，250 周期	C
	脉冲群	4kV（5/50ms，5kHz）	B
	浪涌	4kV	B
	射频场感应的传导骚扰	10V（150kHz～80MHz）	A

（七）环境适应性

测试仪的环境影响量包含电源适应性、温度、湿度、振动、冲击等方面，应符合 GB/T 6587—2012《电子测量仪器通用规范》环境组别为 Ⅱ 组的相关规定要求，此外还应符合该标准流通条件等级要求。

（八）可靠性

测试仪的平均无故障时间（MTBF）应不小于 1000h。

第三节　现　场　检　测

一、检测接线与信号取样

结合避雷器泄漏电流带电检测原理，不同避雷器泄漏电流带电检测方法对应的现场接线方法也不同。

全电流法在测试时仅接入测试电流信号，取自避雷器的泄漏电流，是无参考信号实现测量的测试方法，全电流法测试接线图如图 12-5 所示。

波形分析法、基波法在测试时接入测试电流信号和参考电压信号，参考电压取自与待测避雷器同母线的电压互感器电压，测试电流信号取自避雷器的泄漏电流，波形分析法、基波法测试接线图如图 12-6 所示。

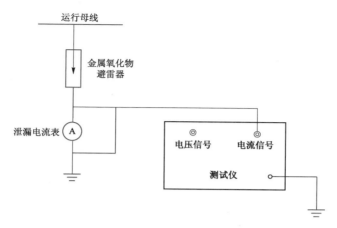

图 12-5 全电流法测试接线图

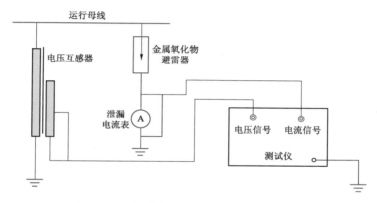

图 12-6 波形分析法、基波法测试接线图

电容电流补偿法在测试时接入测试电流信号和参考电压信号，参考电压取自与待测避雷器同母线的电压互感器电压，并经过光电绝缘电压检测盒后接入桥式测试仪，测试电流信号取自避雷器的泄漏电流，电容电流补偿法测试接线图如图 12-7 所示。

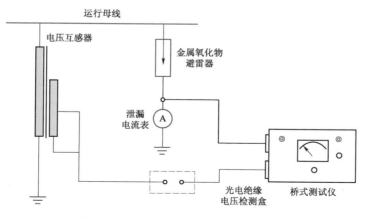

图 12-7 电容电流补偿法测试接线图

带补偿功能的三次谐波法在测试时接入测试电流信号和参考电场信号，电场信号通过电场探头获取，测试电流信号取自避雷器的泄漏电流，带补偿功能的三次谐波法测试接线图如图 12-8 所示。

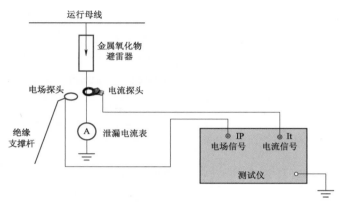

图 12-8 带补偿功能的三次谐波法测试接线图

电容电流法在测试时同时接入参考电流和测试电流信号，参考电流信号取自与待测避雷器同母线的容性设备（一般取电流互感器、电容式电压互感器）电容电流，测试电流信号取自避雷器的泄漏电流，电容电流法测试接线图如图 12-9 所示。

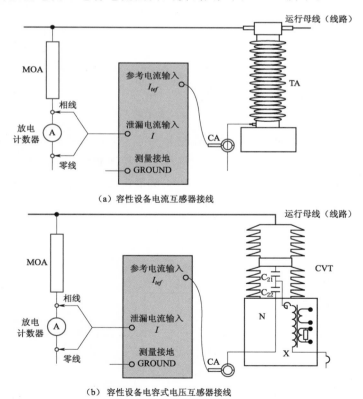

图 12-9 电容电流法测试接线图

TV 二次法在测试时同时接入参考电压和测试电流信号，参考电压信号取自与待测避雷器同母线的电压互感器二次电压，测试电流信号取自避雷器的泄漏电流，TV 二次法测试接线图如图 12 - 10 所示。

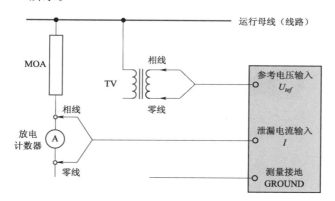

图 12 - 10　TV 二次法测试接线图

检修电源法在测试时同时接入参考电压和测试电流信号，参考电压信号取自站内交流检修电源箱 220V 或 380V 电压，测试电流信号取自避雷器的泄漏电流，检修电源法测试接线图如图 12 - 11 所示。

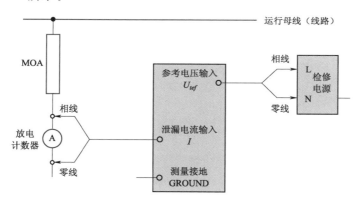

图 12 - 11　检修电源法测试接线图

针对避雷器泄漏电流带电检测方法，电流取样的方式有放电计数器短接法、钳形电流传感器法两种方式，电流取样方式如图 12 - 12 所示。若避雷器下端泄漏电流表为高阻型，则采用测试线夹将其短接，通过测试仪器内部的高精度电流传感器获得电流信号，称之为放电计数器短接法。若避雷器下端泄漏电流表为低阻型，则采用高精度钳形电流传感器采样，称之为钳形电流传感器法。

电压取样方式通常有二次电压法、检修电源法、感应板法、末屏电流法四种方法。

（1）二次电压法：电压信号取与自待测金属氧化物避雷器同间隔的电压互感器二次电压。其传输方式分为有线传输和无线传输方式两种。

（2）检修电源法：通过测取交流检修电源 220V 电压作为虚拟参考电压，再通过相角补偿求出参考电压，避免了通过取电压互感器端子箱内二次参考电压的误碰、误接线存在

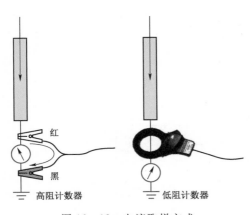

图 12-12　电流取样方式

（3）感应板法：即将感应板放置在金属氧化物避雷器底座上，与高压导体之间形成电容。仪器利用电容电流做参考对金属氧化物避雷器总电流进行分解。由于感应板对位置比较敏感，该种测试方法受外界电场影响较大，如测试主变侧避雷器或仪器上方具有横拉母线时，测量结果误差较大。

（4）末屏电流法：选取同电压等级的容性设备末屏电流做参考量，容性设备末屏电流取样方式接线图如图 12-13 所示。容性设备可选取电流互感器、电容式电压互感器。

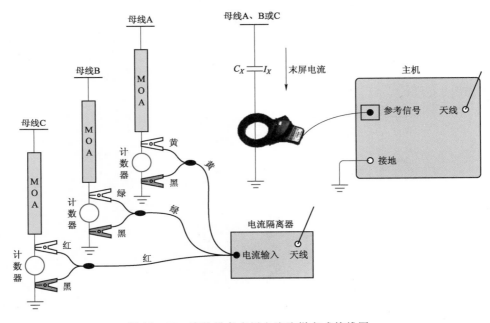

图 12-13　容性设备末屏电流取样方式接线图

　　以上测量避雷器泄漏电流带电检测方法和取样方式在现场的选用应根据现场待测避雷器和参考信号设备的布置方式，结合运行经验，遵循安全、准确、适用的原则进行选用。

二、检测流程

（一）检测周期

　　避雷器泄漏电流带电检测周期要求如下：投运后一个月内进行一次泄漏电流带电测试检测，记录作为初始数据；110（66）～220kV 电压等级，带电检测周期为 1 年，宜在每年雷雨季节前进行；500kV 电压等级，带电检测周期为 6 个月，宜在每年雷雨季节前后进行；必要时，需进行诊断性试验。

（二）检测准备

避雷器泄漏电流带电检测准备工作如下：

（1）应确认仪器能正常工作，保证仪器电量充足或者现场交流电源满足仪器使用要求；

（2）应掌握被试设备历次停电试验和带电检测数据、历史缺陷、家族性缺陷、不良工况等状态信息；

（3）测试开始之前，应确认测试引线导通良好。

（三）检测步骤

金属氧化物避雷器泄漏电流带电检测步骤如下：

（1）将仪器可靠接地。

（2）正确连接测试引线和测试仪器，各类检测方法接线方法及取样方式参见本节一、检测接线与信号取样相关内容。

（3）正确进行仪器设置，包括电压选取方式、电压互感器变比等参数。

（4）测试并记录数据，记录全电流、阻性电流，运行电压数据，相邻间隔设备运行情况。

（5）测试完毕，关闭仪器。拆除试验线时，先拆信号侧，再拆接地端，最后拆除仪器接地线。

（四）数据分析

避雷器泄漏电流带电检测数据应重点关注全电流、阻性电流及相位角三个状态量，数据分析应采取纵向、横向比较和综合分析，基于各状态量的量值大小及其变化趋势，与补偿后的数据进行对比分析，结合同类设备同种方法测试数据进行比较，判断金属氧化物避雷器是否存在受潮、老化等劣化。

1. 电流值

（1）纵向比较。同一设备，全电流初值差应不大于20%，阻性电流初值差应不大于30%；阻性电流初值差大于30%且不大于100%时，为注意值，应缩短试验周期并加强监测；阻性电流初值差大于100%时，为警示值，应进行停电检查；阻性电流接近于零或为负数时，上述电流阈值仅作为参考，应结合相位角状态量判据进行综合分析。

（2）横向比较。同一厂家、同一批次的同间隔设备，全电流彼此应无显著差异。当相间全电流差值超过最小全电流相值的20%时应注意加强监测。同间隔各相别避雷器阻性电流的数值排列规律应与前次测量结果一致，若不一致，应注意分析是否存在干扰源变化等影响测试数据的因素，否则即使参数不超标，避雷器状态也有可能异常。

2. 相位角

一般情况下，单节避雷器相位角应大于80°；相位角大于76°且不大于80°时，为注意值，应加强跟踪检测；相位角小于等于76°时，为警示值。判定时应排除固定干扰因素后，结合红外精确测温等其他方法进行综合分析或停电检查。

对于多节避雷器相位角应大于82°；相位角大于78°且不大于82°时，为注意值，应加强跟踪检测；相位角小于等于78°时，为警示值。多节避雷器相位角判定相对于单节更复杂，影响的因素更多，应排除各种干扰因素，结合红外精确测温等其他方法进行综合分析或停电检查。

当外干扰源（如变压器、电抗器等）或避雷器本身相间干扰较大导致阻性电流接近于零或为负数时，可结合相位角变化量进行辅助分析。同一设备，当相位角较初始值减小，且初值差的绝对值大于 3°时，应缩短试验周期并加强监测。

3. 综合分析

当避雷器泄漏电流怀疑存在异常时，应考虑各种干扰因素（环境温度、杂散电流、排列方式等）的影响，并结合红外精确测温、高频局部放电测试等手段进行综合分析判断，必要时进行停电诊断试验。

三、检测要求

在避雷器泄漏电流带电检测现场试验过程中，对试验人员、现场安全、检测条件以及检测方法注意事项提出以下要求：

1. 人员要求

开展避雷器泄漏电流带电检测人员应满足要求如下：

（1）应熟悉金属氧化物避雷器泄漏电流带电检测技术的基本原理和检测程序，了解金属氧化物避雷器泄漏电流带电检测仪的工作原理、技术参数和性能，掌握金属氧化物避雷器泄漏电流带电检测仪的操作程序和使用方法。

（2）了解被检测设备的结构特点、工作原理、运行状况和导致设备故障的基本因素。

（3）熟悉避雷器泄漏电流带电检测技术现场应用导则，接受过金属氧化物避雷器泄漏电流带电检测技术培训，并经相关机构培训合格。

（4）具有一定的现场工作经验，熟悉并能严格遵守电力生产和工作现场的有关安全管理规定。

2. 安全要求

开展避雷器泄漏电流带电检测现场安全要求如下：

（1）应执行 Q/GDW 1799.1—2013《国家电网公司电力安全工作规程　变电部分》。

（2）应有专人监护，监护人在检测期间应始终行使监护职责，不得擅离岗位或兼任其他工作。

（3）从电压互感器获取二次电压信号时应防止短路。

3. 检测条件要求

避雷器泄漏电流带电检测应满足如下条件：

（1）环境温度一般不低于 5℃，相对湿度一般不大于 85%。

（2）天气以晴天为宜，不应在雷、雨、雾、雪等气象条件下进行。

4. 检测方法注意事项

避雷器泄漏电流带电检测过程中测试方法及仪器设置应注意：

（1）在获取电流、电压信号时应保证测试方法安全、正确。首先，取全电流 I_x 时，短接带泄漏电流表的计数器，电流表指针应该回零，否则应用万用表测量计数器两端电压判断其是否为低阻计数器，对于低阻计数器需采用高精度钳形电流传感器采样。当计数器与在线电流表分离时，应同时短接电流表和计数器。其次，测取电压互感器二次电压信号时，宜采用专用测量端子并设专人看守端子箱。

（2）避雷器"一"字形布置方式测试中存在相间干扰，引起三相测试数据不对称的情况。仪器补偿方式宜设置为禁用补偿，以保证测试结果更真实地反映设备运行工况。避免自动边补补偿模式下掩盖数据真实情况，同时记录补偿后数据，辅助分析判断。

（3）参考信号取单相时，当仪器可设置参考相别时，可选取与仪器设置对应的相别作为参考相。否则，应取 B 相作为参考相。

（4）对同一组避雷器，测试方法一经选取，宜固定应用，以保持数据连续性，方便开展历年数据比对分析。

（5）电流的谐波成分既包含避雷器本体产生的谐波分量，又受系统电压谐波的影响。当避雷器测试数据谐波分量较大时，可与其他同母同相的避雷器谐波分量进行比对分析，以判断谐波来源，同时进行复测，复测间隔时间不宜过长。

第四节　故障分析与诊断

避雷器在运行过程中出现内部绝缘状况不良、阀片老化、受潮以及表面严重污秽等情况时，其表现形式不同，反映在泄漏电流的规律也不同，可作为避雷器故障特征量。

具体来说：避雷器外部瓷套受污秽及潮气作用时，外部瓷套的电位分布发生了变化，内部阀片与外部瓷套之间存在较大的径向电位差。当径向电位差达到一定数值，可能引起径向局部放电并产生脉冲电流，甚至烧熔阀片。对避雷器进行带电检测，阻性电流会出现脉冲电流峰值。

避雷器内部受潮时，其阻性电流和泄漏电流明显增加，与表面污秽导致阻性电流增加不同，内部受潮引起的阻性电流增加具有长期性，不会随时间的变化而减小。

避雷器承受雷电过电压或其他暂态过电压，如瞬时发热大于散热能力，吸收的冲击能量不能及时散出去，容易引起氧化锌阀片的劣化和热破坏，对避雷器进行带电检测，有功功率会有较大的增长。

金属氧化物阀片老化会导致其非线性特性变差，使得阻性电流的高次谐波分量显著增大、基波分量相对减少。因此，阻性泄漏电流的高次谐波分量是判断金属氧化物阀片老化状况的依据。

因此，可以采用相应的带电检测技术，根据避雷器缺陷或故障的不同表现特征来判断避雷器的缺陷或故障。

第五节　案　例　分　析

一、案例概述

2013 年 6 月 26 日，天气晴，湿度 50％，温度 35℃。某 220kV 变电站进行避雷器阻性电流带电检测，发现 145 间隔 C 相避雷器阻性电流增长明显，初步判断该避雷器存在缺陷。外观检查未发现该避雷器破损和结构不良问题。对 145 间隔三只避雷器进行红外精确测温，发现 C 相避雷器与正常相温差已达 8.1K，达到危急缺陷标准。

二、检测方法

(一) 带电测试

该 220kV 变电站 145 间隔 C 相避雷器为 2010 年 8 月 22 日生产的 Y10WZT-102/266 型产品，2010 年 12 月 12 日投入运行。145 间隔 C 相避雷器历次带电检测数据见表12-4，全电流、阻性电流变化趋势见图 12-14。

表 12-4　　　　　　　　　　145 间隔 C 相避雷器历次带电检测数据

测试日期	环境温度/℃	环境湿度/%	电压/kV	I_X/mA	I_{rlp}/mA
2011-05-18	20	45	67.008	0.288	0.02
2012-03-14	6	25	66.862	0.354	0.041
2013-06-26	35	50	66.939	1.132	1.757

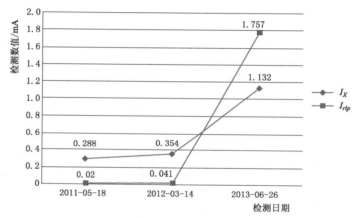

图 12-14　145 间隔 C 相避雷器全电流、阻性电流变化趋势

从近三年带电检测数据分析，145 间隔 C 相避雷器阻性电流峰值 I_{rlp} 本次试验数据 1.757mA 相比 2012 年 0.041mA 增长 40 多倍，且全电流亦有大幅度增长。依据Q/GDW 1168—2013《输变电设备状态检修试验规程》相关规定"测量运行电压下阻性电流或功率损耗，测量值与初值比较无明显变化"，初步判断该避雷器状态异常，申请停电进行检查试验。

(二) 停电试验

145 间隔 C 相避雷器历次停电检测数据见表 12-5。

表 12-5　　　　　　　　　　145 间隔 C 相避雷器历次停电检测数据

试验日期	温度/℃	湿度/%	U_{1mA}/kV 检测数据	U_{1mA}/kV 要求值	误差/%	75%U_{1mA}/μA 检测数据	75%U_{1mA}/μA 要求值
2010-11-23	8	30	154.8	初值差≤±5%且不低于满足 GB 11032—2010《交流无间隙金属氧化物避雷器》规定值（注意值）	0	12	初值差≤30%或≤50 μA（注意值）
2013-06-26	35	50	94		-60.7%	215	

从停电检测数据分析，145 间隔 C 相避雷器直流 1mA 下电压为 94kV，与初值误差达 －60.7%，远超过 GB 11032—2010《交流无间隙金属氧化物避雷器》规定值且初值差不大于 ±5%。75%U_{1mA} 下泄漏电流达 215μA，远超过 Q/GDW 1168—2013《输变电设备状态检修试验规程》规定值 50μA（注意值），且初值差大于 30%，试验数据结果判定为不合格。

此外，现场观察 145 间隔三相避雷器在线监测表，读数不一致，A、B 两相 0.2～ 0.3mA 之间，C 相 0.8mA，与带电检测结果一致。

综合考虑带电检测和停电试验数据，初步判断缺陷原因为 145 间隔 C 相避雷器内部受潮或阀片劣化，考虑到该避雷器运行时间不到 3 年，阀片劣化可能性较小，当前正值雨季，初步认为避雷器内部受潮造成伏安特性不合格，导致在正常电网运行电压下的阻性泄漏电流增大，不宜继续运行。

（三）解体检查

为找出 145 间隔 C 相避雷器缺陷原因，2013 年 7 月 5 日对该避雷器进行了解体检查，具体情况如下。

打开该避雷器上盖板时未发现密封不良，但在上盖板发现明显的绿色锈斑，且与上盖板的接触面有黑褐色锈蚀，并在瓷套内壁发现水珠，芯体上有盖板掉落的铁锈，如图 12－ 15 上盖板锈蚀情况所示。

取出该避雷器芯体，发现电阻片间的白色合金由于氧化产生白色粉末，芯体下部的金属导杆严重锈蚀，如图 12－16 芯体锈蚀情况所示。电阻片表面有水雾，其中一片电阻片表面陶瓷釉有破损，如图 12－17 阀片破损情况所示。

图 12－15　上盖板锈蚀情况

图 12－16　芯体锈蚀情况

打开该避雷器下盖板，发现下盖板与避雷器腔体间未加装密封圈，如图 12－18 所示。

图 12－17　阀片破损情况

图 12－18　下盖板与避雷器腔体间
未加装密封圈

三、结论分析

根据 145 间隔 C 相避雷器带电测试和停电试验数据，并结合对设备的解体检查情况，可以认定避雷器缺陷产生的原因：

（1）该避雷器在安装过程中由于工艺流程控制不严，未加装下盖板与避雷器腔体间的密封圈，使水汽进入避雷器密封腔内，导致避雷器芯体受潮劣化。

（2）腔体内水汽受热上浮，导致上盖板铜板氧化出现铜绿。

（3）电阻片的受潮劣化，导致伏安特性不合格，避雷器阻性电流和全电流增大，电阻片发热。电阻片及其表面的陶瓷釉受热膨胀，薄弱点出现了破损。

（4）电阻片陶瓷釉破损导致该片绝缘性能下降，同时，电阻片间的均一性发生变化，形成避雷器运行电位分布的不均匀，从而出现该避雷器电阻片破损处对应点温度升高。

变压器铁芯接地电流带电检测

第一节 检 测 原 理

变压器运行时，流经铁芯工作接地点的电流称为变压器铁芯接地电流。变压器的铁芯只能有一个接地点，作为正常的工作接地，来限制铁芯的电位和流过的电流；若不接地和出现两点及以上的接地，都将导致铁芯出现故障，影响变压器的安全运行。

变压器在运行过程中，其带电的绕组和油箱之间存在电场，铁芯和夹件等金属构件处于该电场之中，由于电容分布不均匀，场强各异，若铁芯没有可靠接地，则存在对地悬浮电位，产生铁芯对地或线圈的充放电现象，破坏固体绝缘和油的绝缘强度；若铁芯一点接地，即消除了铁芯悬浮电位的可能。

当铁芯出现两点或以上多点接地时，铁芯在工作磁通周围就会形成短路环，短路环在交变的磁场作用下，产生很大的短路电流，流过铁芯，造成铁芯局部过热；铁芯的接地点越多，形成的环流回路越多，环流越大（取决于多余接地点的位置），使变压器铁损变大；同时，环流过热还会烧熔局部铁芯硅钢片，使相邻硅钢片间的绝缘漆膜烧坏，修复时不得不更换部分硅钢片，修复耗用资金巨大，需要返厂工期较长，严重影响电网安全运行。

因此，通过变压器铁芯接地电流大小可判断铁芯是否存在多点接地，保障变压器的安全运行。铁芯正常运行工作时，接地电流的大小在 $0 \sim 100 \text{mA}$ 之间，当电流值不小于 100mA 时，铁芯便已经发生多点接地故障，工作人员就必须对故障进行处理。

变压器铁芯接地电流带电检测，适用于电力系统运行中的 35kV 及以上电力变压器、并联电抗器。一般采用便携式检测设备，在运行状态下，对设备状态量在现场进行检测，其检测方式为带电短时间内检测，有别于长期连续的在线监测。

利用变压器铁芯接地电流检测装置，在变压器铁芯接地引下线固定位置，检测变压器铁芯接地引下线中流过的电流。按照检测装置的不同，变压器铁芯接地电流带电检测方法分为通过钳形电流表和变压器铁芯接地电流检测仪两种检测方式。

1. 钳形电流表检测

钳形电流表主要由钳形电流互感器和测量仪表构成，该方法具备电流测量、显示及锁定功能。

钳形电流表检测原理为：穿过铁芯的被测电路导线为电流互感器的一次线圈，其中通过电流便在二次线圈中感应出电流。从而使二次线圈相连接的电流表便有指示，即测出被测线路的电流。钳形表可以通过转换开关的拨档，改换不同的量程。但拨档时不允许带电进行操作。钳形表一般准确度不高，通常为 2.5～5 级。为了使用方便，表内还有不同量程的转换开关供测不同等级电流以及具备测量电压的功能。

2. 变压器铁芯接地电流检测仪检测

变压器铁芯接地电流检测仪由钳形电流互感器、连接引线及检测分析单元组成，该方法具备电流采集、处理、波形分析、超限告警及存储等功能。

变压器铁芯接地电流检测仪检测原理为：通过电流互感器将检测到的变压器铁芯电流通过可编程增益放大器调节后输入电流电压转换电路，电流电压转换电路输出端与交流—直流电压转换电路输入端连接，交流—直流电压转换电路输出端与 A/D 转换电路输入端连接，A/D 转换电路输出端与单片机连接。铁芯接地电流检测仪使用时，主变铁芯接地引下线单匝从监测仪的顶部孔中穿过，不改变被测量变压器铁芯的原有接线方式，对运行中的变压器不造成任何安全隐患。

钳形电流表和变压器铁芯接地电流检测仪都是通过电流互感器进行对电流信号进行采集，其工作原理同变压器工作原理相似，都是利用电磁感应原理进行交流电的测量，电流互感器工作原理图如图 13-1 所示。

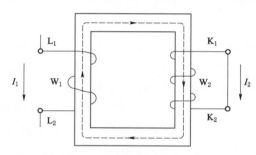

图 13-1　电流互感器工作原理图

第二节　检测仪器的使用及维护

一、钳形电流表的使用及维护

（一）钳形电流表的使用

钳形电流表使用方便，无需断开电源和线路即可直接测量运行中电气设备的工作电流，便于及时了解设备的工作状况。我们在平时工作中使用钳形电流表应注意以下问题：

1. 主要结构

以图 13-2 的钳形电流表为例，钳形电流表主要结构有：

（1）感应电流钳夹：夹在被测导线上拾取电流。

（2）钳夹扳机：按下扳机，钳头张开；松开扳机，钳头自动合拢。

（3）旋转功能开关：用于选择各种功能和量程档位。

（4）MAX 最大值按键：按下 MAX，显示器上将保持最大值。

（5）HOLD 数据保持键：按下保持键，显示器上将保持测量的最后读数，并显示"H"；再按保持键，仪表即恢复正常测试状态，另外按此键后液晶显示器背景灯会点亮，7～8s 后自动熄灭。

（6）液晶显示器：显示测量的电流值。

2. 使用方法

使用前要正确检查钳形电流表的外观情况，一定要检查表的绝缘性能是否良好，外壳应无破损，手柄应清洁干燥。钳形电流表的钳口应紧密接合，若指针抖晃，可重新开闭一次钳口，如果抖晃仍然存在，应仔细检查，注意清除钳口杂物、污垢，然后进行测量，使用方法如下：

（1）将旋转功能开关转到合适的电流量程。手持表体，用拇指按住钳夹扳机，便可打开钳口，将被测导线引入钳口中央。然后，放松钳夹扳机，钳口就自动闭合，被测导线的电流就在铁芯中产生交变磁力线，表上反映出电流数值，可直接读数。钳口的结合面如有杂声，应重新开合一次，仍有杂声，应处理结合面，以使读数准确。

（2）刚测量时仪表会出现跳数现象，应等显示值稳定后再读数。

（3）禁止在测量 100V 以上电压或 0.5A 以上电流时拨动转换功能开关，以免产生电弧，将转换功能开关的触点烧毁。

（4）钳形电流表不得去测量高压线路的电流，被测线路的电压不能超过钳形表所规定的电压等级（一般不超过 500V），以防绝缘击穿，人身触电。

（5）测量前应估计被测电流的大小，选择适当的量程，不可用小量程档位去测量大电流。根据被测电流大小来选择合适的钳型电流表的量程。选择的量程应稍大于被测电流数值，若无法估计，为防止损坏钳形电流表，应从最大量程开始测量，逐步变换档位直至量程合适。

（6）每次测量只能钳入一根导线。测量时应将被测导线置于钳口的中央，以提高测量的准确度。最好用手端平表身，尽可能不让导线靠在钳口和表身上。

（7）测量结束后必须将旋转功能开关旋到 OFF 档。

（二）钳形电流表的维护

钳形电流表结构简单、价格低，每次使用后要仔细检查、清除钳口杂物。应按时更换电池，防止电池在表内安装时间过长发生漏液，造成钳形电流表电源触点因漏液氧化，使触点接触不良无法使用，另外就是按期进行校验，检测测量准确度（精度），钳形电流表每次使用后做好表面的清洁，一般不需要做其他维护。如果表面损坏或者内部元器件烧毁直接更换新的钳形电流表就可以了。钳形电流表实物图如图 13-2 所示。

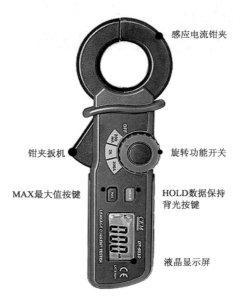

图 13-2　钳形电流表实物图

二、变压器铁芯接地电流检测仪的使用及维护方法

（一）铁芯接地电流检测仪的使用

铁芯接地电流检测仪实物图如图 13-3 所示。

1. 主要结构

以图 13 - 3 的铁芯接地电流检测仪为例，铁芯接地电流检测仪主要分为两部分：分别是主机（检测仪）和电流钳（卡钳）。主机包括：电流输入接口、屏幕、键盘、开关、RS - 232 接口、充电口，主机（检测仪）面板见图 13 - 4 铁芯接地电流检测仪主机。电流钳很简单，由钳型电流互感器及连接线组成。

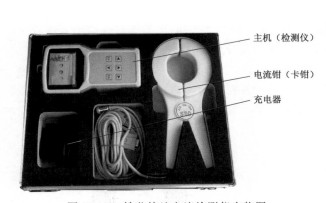

图 13 - 3 铁芯接地电流检测仪实物图

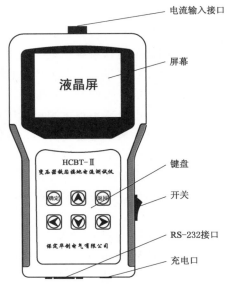

图 13 - 4 铁芯接地电流检测仪主机

（1）电流输入：连接钳形电流互感器。

（2）液晶屏：用于显示各种操作和测量数据及交流波形。

（3）键盘：用于各种功能的操作及参数设置。

（4）开关：仪器电源开关。

（5）RS - 232 接口：用于 PC 机通信或软件升级。

（6）充电口：连接自带外置充电器。

2. 功能特点

（1）采用钳形电流互感器，方便现场操作。

（2）抗干扰能力极强，确保数据准确可靠。

（3）配合高速微处理器，实时显示测量数据及波形。

（4）具有泄漏电流超限报警功能，报警电流可设置。

（5）采用 3.5 英寸 320×240 真彩液晶显示屏，图形菜单操作提示。

（6）内置大容量非易失性存储器，可存储 500 组测量数据和波形。

（7）内置高精度实时时钟功能，可进行日期及时间校准。

（8）内置 2100mAh 可充电锂电池，待机时间 3～4h，方便现场使用。

3. 技术参数

（1）测量范围：电流 1～10000mA、频率 20～200Hz。

（2）最小分辨率：不大于 1mA。

（3）测量精度：1％或± 1mA（测量误差取两者最大值）。

4. 使用条件

（1）环境温度：—10～50℃。

（2）环境湿度：小于等于85％RH。

（3）充电器输入：AC 220V/50Hz。

（4）充电器输出：DC 8.4V/1000mA。

5. 操作说明

（1）开机。

当仪器按要求接好测试线，打开电源开关，液晶显示主界面，如图13-5所示。

图13-5 液晶显示主界面图

（2）开始测试。

在主界面下，按"◀"或"▶"，在液晶屏上选择"开始测试"功能按钮后，按"确定"键进入"正在测试"界面，液晶屏显示如图13-6正在测试界面所示。

在正在测试界面，按"◀"或"▶"键选择修改选项，按"▲"或"▼"键修改某位数据；按＜确定＞键，保存当前数据及波形；按＜返回＞键，返回主界面。

其中：报警电流—是指超越上限报警的电流值，范围0～0.999A。

试品编号—是指用于区分不同被测试品的编号，以便于在历史记录中查询和技术管理。

I＝xxx. xA—是指被测变压器铁芯接地的泄漏电流。

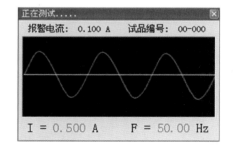

图13-6 正在测试界面

F＝xxx. xHz—是指被测变压器铁芯接地电流的频率。

注意：仪器具有自动放大波形的功能，因此不能根据波形幅值判断数据大小。

211

（3）历史记录。

在主界面下选择"历史记录"功能按钮，按"确定"键进入历史记录查询界面，液晶显示如图13-7历史记录界面所示。

在历史记录查询界面，按"▲"或"▼"键来选择要查询的历史记录；按"确定"键，即可查询当前记录的历史数据。

在历史记录查询界面，同时按下"◀"或"▶"键，可以删除全部历史数据。

（4）时间设置。

在主界面下选择"时间设置"功能按钮，按"确定"键进入日期时间设置界面，液晶显示如图13-8所示：

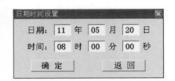

图13-7 历史记录界面　　　　　　图13-8 时间设置界面

在日期时间设置界面下，按"◀"或"▶"键选择相应设置位，按"▲"或"▼"键修改相应设置位的数据。修改为需要的日期和时间后，选择按"确定"键保存相应设置并返回主界面，或按"取消"键直接返回主界面。

（5）内部校准。

用于对仪器本身的参数标定，一般情况下不需要校准，如需要对参数校准应由生产厂家进行。

（二）铁芯接地电流检测仪的维护

铁芯接地电流检测仪，每次使用前后要仔细检查、清除钳口杂物。应按时充电，另外就是按期进行校验，检测测量准确度（精度），铁芯接地电流检测仪每次使用后做好表面的清洁，一般不需要做其他维护。如果表面损坏或者内部元器件烧毁需返厂进行检修。

第三节　现　场　检　测

（一）检测项目

变压器铁芯接地电流带电检测。检测计划下达后，运检及基建单位应分解任务到班组，明确工作负责人、监护人与工作组成员，落实仪器、工器具，明确具体检测时间和项目。

（二）检测周期

变压器铁芯接地电流检测周期要求如下：

（1）1000kV 变压器：1 个月。

（2）750kV 变压器：1 个月。

（3）330～500kV 变压器：3 个月。

（4）220kV 变压器：6 个月。

（5）110（66）kV 及以下变压器：1 年。

（6）换流变（平波电抗器）：1 个月。

（7）新安装及 A、B 类检修重新投运后 1 周内。

（8）必要时。

（三）检测前准备

变压器铁芯接地电流带电检测前的准备工作如下：

（1）资料的准备。

1）掌握设备型号、制造厂家、安装日期等信息以及运行情况。

2）掌握被试设备带电检测数据、被试设备运行状况、历史缺陷以及家族性缺陷等信息。

（2）工作票准备：检测当天（或前 1 天），检测班组工作票签发人或工作负责人完成工作票的填写，并由工作票签发人完成签发，送达运维人员。

（3）准备好记录本、表格、检测报告等。

（4）标准化作业卡准备：检测前 2 个工作日，工作负责人完成标准化作业卡的编制，突发情况可在当日开工前完成。班组长或班组技术员负责审核工作。

（5）工器具准备。

1）检测前一天，工作负责人应确认检测工器具完好、齐备，电量充足，在校验有效期内。

2）检测工器具应指定专人保管维护，执行领用使用登记制度。

3）检查钳形电流表卡钳钳口闭合是否良好。

4）确认检测仪引线导通良好。

5）准备工具、仪器等，并运至检测现场，工器具及备品备件准备见表 13-1。

表 13-1　　　　　　　　　　工器具及备品备件准备

序号	名　　　称	规格	单位	准备数量	备　注
1	温度计、湿度计		个	1	
2	钳形电流表		块	1	检测仪表之一
3	变压器铁芯接地电流检测仪		台	1	检测仪表之一
4	绝缘垫		个	1	
5	绝缘手套		副	1	

（四）危险点分析及控制措施

作业中危险点分析及控制措施见表 13-2。

表 13 - 2　　　　　　　　　　　　　危险点分析及控制措施

序号	危 险 点	控 制 措 施
1	误入带电间隔	工作中没有工作负责人或监护人带领，工作班人员不得进入作业现场
2	工作人员进入作业现场不戴安全帽，不穿绝缘鞋可能会发生人员伤害事故	工作人员进入作业现场必须戴安全帽，穿绝缘鞋
3	检测时发生人身感电	（1）如果工作必须接近带电部件进行，必须遵守安全规程规定的安全距离； （2）检测时，与检测无关人员撤离现场
4	有毒气体毒害作业人员	（1）人员进入 SF_6 配电装置室前，室内必须通风不少于 15min，工作区空气中 SF_6 气体含量不得超过 1000μL/L； （2）工作人员必须按规定做好防护措施，工作现场不能吸烟或饮食

（五）环境要求

（1）在良好的天气下进行检测，雨天避免户外检测，雷电时严禁检测。

（2）环境温度：−10～+50℃。

（3）环境相对湿度：（5%～90%）RH。

（4）大气压力：80～110kPa。

（5）现场区域满足检测安全距离要求。

注：在保证仪器正常检测下，环境条件可以适当放宽。

（六）待试设备要求

（1）设备处于运行状态。

（2）被测变压器铁芯、夹件（如有）接地引线引出至变压器下部并可靠接地。

（3）变压器投运，停止操作时严禁检测。

（七）人员要求

进行变压器铁芯接地电流检测的人员应具备如下条件：

（1）熟悉变压器铁芯接地电流带电检测技术的基本原理、诊断分析方法。

（2）了解钳形电流表或专用铁芯接地电流带电检测仪器的工作原理、技术参数和性能。

（3）掌握钳形电流表或专用铁芯接地电流带电检测仪器的操作程序和使用方法。

（4）了解变压器的结构特点、工作原理、运行状况和故障分析的基本知识。

（5）接受过铁芯接地电流带电检测的培训，具备现场检测能力。

（6）具有一定的现场工作经验，熟悉并能严格遵守电力生产和工作现场的相关安全管理规定。

（7）人员需持证上岗。

（8）工作负责人、监护人应是具有相关工作经验，熟悉设备情况和 Q/GDW 1799.1—2013《国家电网公司电力安全工作规程　变电部分》，经本单位生产领导书面批准的人员。工作负责人还应熟悉工作班组成员的工作能力。

（9）工作组成员应熟悉工作内容、工作流程，掌握安全措施，明确工作中的危险点，并履行确认手续；严格遵守安全规章制度、技术规程和劳动纪律，对自己在工作中的行为负责，互相关心工作安全，并监督本部分的执行和现场安全措施的实施；能正确使用安全工器具和劳动防护用品。

（10）外协人员应熟悉 Q/GDW 1799.1—2013《国家电网公司电力安全工作规程 变电部分》并考试合格并经设备运维管理单位认可。

（八）安全要求

（1）应严格执行国家电网公司 Q/GDW 1799.1—2013《国家电网公司电力安全工作规程 变电部分》的相关要求。

（2）检测工作不得少于两人。检测负责人应由有经验的人员担任，开始检测前，检测负责人应向全体检测人员详细布置检测中的安全注意事项，交代邻近间隔的带电部位，以及其他安全注意事项。

（3）应在良好的天气下进行，户外作业如遇雷、雨、雪、雾不得进行该项工作，风力大于 5 级时，不宜进行该项工作。

（4）检测时应与设备带电部位保持足够的安全距离。

（5）在进行检测时，要防止误碰误动设备。

（6）行走中注意脚下，防止踩踏设备管道。

（九）检测仪器要求

变压器铁芯接地电流检测装置一般为两种，为钳形电流表和变压器铁芯接地电流检测仪。变压器铁芯接地电流检测装置应具备以下基本功能：

（1）钳形电流表具备电流测量、显示及锁定功能。

（2）变压器铁芯接地电流检测仪具备电流采集、处理、波形分析及超限告警等功能。

（3）主要技术指标。

1）检测电流范围：AC 1～10000mA。

2）满足抗干扰性能要求。

3）分辨率：不大于 1mA。

4）检测频率范围：20～200Hz。

5）测量误差要求：±1%或±1mA（测量误差取两者最大值）。

6）温度范围：-10～50℃。

7）环境相对湿度：（5%～90%）RH。

（4）功能要求。

变压器铁芯接地电流检测装置应具备以下基本功能：

1）钳形电流互感器卡钳内径应大于接地线直径。

2）检测仪器应有多个量程供选择，且具有量程 200mA 以下的最小档位。

3）检测仪器应具备电池等可移动式电源，且充满电后可连续使用 4h 以上。

变压器铁芯接地电流检测仪还应具备以下功能。

1）变压器铁芯接地电流检测仪具备数据超限警告，检测数据导入、导出、查询、电流波形实时显示功能。

2）变压器铁芯接地电流检测仪具备检测软件升级功能。

3）变压器铁芯接地电流检测仪具备电池电量显示及低电量报警功能。

（十）检测流程

开工前，工作负责人应做好技术交底和安全措施交底。开工后，工作负责人组织实施，做好现场安全、技术和结果控制。班组成员严格按照仪器设备操作规范、标准化作业卡进行现场检测，检测现场应无杂物，使用的工器具、仪器应摆放整齐有序；及时排除检测方法、检测仪器以及环境干扰问题。及时、准确记录保存检测数据。

（1）工作准备。

（2）工作许可。

（3）接线。

（4）检测。

（5）拆除检测接线。

（6）自验收。

（7）分析数据。

（8）填写检测记录。

（9）会同有关人员验收。

（10）工作终结。

（十一）变压器铁芯接地电流检测

1. 检测接线（原理图）

（1）钳形电流表接线。钳形电流表接线如图 13-9 所示。

（2）变压器铁芯接地电流检测仪接线。变压器铁芯接地电流检测仪接线如图 13-10 所示。

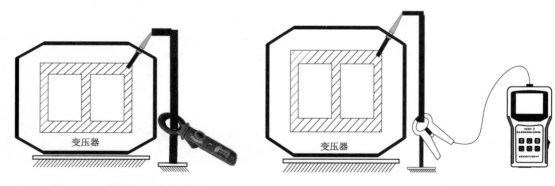

图 13-9　钳形电流表接线图　　　　　图 13-10　变压器铁芯接地电流检测仪接线图

2. 检测步骤

（1）打开测量仪器，电流选择适当的量程，频率选取工频（50Hz）量程进行测量，尽量选取符合要求的最小量程，确保测量的精确度。

（2）在接地电流直接引下线段进行测试（历次测试位置应相对固定，将钳形电流表置于器身高度的下 1/3 处，沿接地引下线方向，上下移动仪表观察数值应变化不大，测试条件允许时还可以将仪表钳口以接地引下线为轴左右转动，观察数值也不应有明显变化）。

（3）使钳形电流表与接地引下线保持垂直。

（4）待电流表数据稳定后，读取数据并做好记录。

（十二）自验收

（1）检查数据是否准确、完整。

（2）检测完毕后，进行现场清理，确保无遗漏。

（十三）分析数据

（1）铁芯接地电流检测结果应符合以下要求：

1）1000kV变压器：不大于300mA（注意值）。

2）其他变压器：不大于100mA（注意值）。

3）与历史数值比较无较大变化。

（2）综合分析：

1）当变压器铁芯接地电流检测结果受环境及检测方法的影响较大时，可通过历次检测结果进行综合比较，根据其变化趋势做出判断。

2）数据分析还需综合考虑设备历史运行状况、同类型设备参考数据，同时结合其他带电检测结果，如油色谱试验、红外精确测温及高频局部放电检测等手段进行综合分析。

（3）接地电流大于300mA应考虑铁芯（夹件）存在多点接地故障，必要时串接限流电阻。

（4）当怀疑有铁芯多点间歇性接地时可辅以在线检测装置进行连续检测。

（十四）检测报告填写

（1）现场检测结束后，应在15个工作日内完成检测记录整理。

（2）变压器铁芯接地电流检测报告格式见表13-3。

表13-3　　　　　　　　　铁芯接地电流检测报告

一、基本信息

变电站		委托单位		检测单位			
检测性质		检测日期		检测人员		检测地点	
报告日期		编制人		审核人		批准人	
检测天气		温度/℃		湿度/%			

二、设备铭牌

运行编号		生产厂家		额定电压/kV	
投运日期		出厂日期		出厂编号	
设备型号		额定容量			

三、检测数据

铁芯接地电流/mA	
夹件接地电流/mA	
仪器型号	
结论	
备注	

（十五）验收、工作终结

全部工作完毕后，工作班应清扫、整理现场。工作负责人应先周密地检查，待全体作业人员撤离工作地点后，再向运维人员交代检测项目、发现的问题、检测结果和存在问题等，并与运维人员共同检查设备状况、状态，有无遗留物件，是否清洁等，然后在工作票上填明工作结束时间。经双方签名后，表示工作终结。

第四节　故障分析与诊断

一、铁芯多点接地故障分析判断

如果铁芯（夹件）接地电流测量结果和初值比较有明显增长，大于 300mA 应考虑存在变压器铁芯多点接地故障，可以从以下几方面分析判断：

（1）设备停电测量铁芯的绝缘电阻，如绝缘电阻为零或很低时，则可能铁芯有多点接地故障。

（2）设备不停电利用气相色谱分析法，对油中含气量进行分析，也可有效的发现多点接地。

（3）设备不停电监视接地线中的环流。如变压器铁芯接地小套管引线上有环流，可能铁芯有接地点，应进一步检查。

对于铁芯和上夹件分别引出油箱外接地的变压器。如测出夹件对地电流为 I_1 和铁芯对地电流为 I_2，根据经验可判断出铁芯故障的大致部位，其判断方法是：

（1）$I_1＝I_2$，且数值在数安以上时，夹件与铁芯有连接点；

（2）$I_2＞＞I_1$，I_2 数值在数安以上时，铁芯有多点接地；

（3）$I_1＞＞I_2$，I_1 数值在数安以上时，夹件碰壳。

在采用钳形电流表测试电流时，应注意干扰。测量时可先将钳形电流表紧靠接地线，读取第一次电流值，然后再将地线钳入，读取第二次电流值，两次差值即为实际接地电流。

注："＞＞"为绝对大于。

二、变压器铁芯常见的故障类型

（1）铁芯碰壳、碰夹件。安装完毕后，由于疏忽，未将油箱顶盖上运输用的稳（定位）钉翻转过来或拆除掉，导致铁芯与箱壳相碰；铁芯夹件肢板碰触铁芯柱；硅钢片翘曲触及夹件肢板；铁芯下夹件垫脚与铁轭间纸板脱落，垫脚与硅钢片相碰；温度计座套过长与夹件或铁轭、芯柱相碰等。

（2）穿芯螺栓钢座套过长与硅钢片短接。

（3）油箱内有异物，使硅钢片局部短路。

（4）铁芯绝缘受潮或损伤，如底沉积油泥及水分，绝缘电阻下降，夹件绝缘、垫铁绝缘、铁盒绝缘（纸板或木块）受潮或损坏等，导致铁芯高阻多点接地。

（5）潜油泵轴承磨损，金属粉末进入油箱中，堆积在底部，在电磁引力作用下形成桥路，使下铁轭与垫脚或箱底接通，造成多点接地。

第十四章

电缆外护层接地电流带电检测

第一节　检　测　原　理

　　电缆导体和金属护套间的关系可以看做一个变压器的初级绕组与次级绕组。当电缆导线通过电流时，其周围产生的一部分磁力将与金属护套交链，使护套产生感应电压。感应电压的大小与电缆长度和流过导线的电流成正比。当电缆很长时，护套上的感应电压叠加起来可达到威胁人身安全的程度。当线路不对称或发生故障时，金属护套上感应电压会达到很大数值；当线路遭受操作过电压或雷击过电压时，护套上也会形成很高的感应电压，将使护层绝缘击穿。如果护套两点接地使护套形成闭合通路，护套中将形成环形电流。电缆正常运行时，护套上的环形电流与导线的负荷电流基本上为同一数量级，将产生很大的环流损耗，使电缆发热，影响电缆的载流量，这是很不经济的。

　　对于三芯电缆，因三根芯线在同一个金属保护层内，当三相电流基本平衡时，三相合成电流接近于零，合成磁通也接近于零。此时金属保护层上感应电动势很小，可以忽略不计。只有在非对称短路时，破坏了三相电流的对称性，合成磁通不再等于零，金属保护层上才会有不平衡的感应电动势产生。

　　对于单芯电缆，当芯线流过交变电流时，交变电流会产生交变磁场，形成与电缆回路相交链的磁通，其必然与电缆的金属保护层相交链，金属保护层上会产生感应电动势。感应电动势的大小与电缆线路的长度、截面及电压等级有关，长度愈长；截面愈大；电压等级愈高，其感应电压愈高；如果护套形成通路，金属护套中的感应电动势将在护套中形成金属护套感应电流（I_s）。

　　单芯电缆的导体与金属护套之间形成以导体和金属护套为两极，绝缘材料为介质的电容器，在交流电压作用下，会产生电容电流（I_c）。金属护套接地电流 I_d 由金属护套感应电流 I_s 和电缆电容电流 I_c 两部分构成即 $I_d = I_s + I_c$。

　　单芯高压电缆线路接地方式采用单端接地或交叉互联接地，正常情况下金属护套上接地电流为零或很小。单芯高压电缆线路外护层发生老化或破损等现象时，金属护套上接地电流将有明显变化。通过测量单芯高压电缆线路金属护套接地电流，可以及时反应电缆线路外护层的健康状况。

第二节　检测仪器的使用及维护

一、手持式电缆外护层接地电流检测仪的使用

（1）电缆外护层接地电流检测仪结构如图 14-1 所示，主要分为两部分：分别是主机（检测仪）和钳型互感器（卡钳）。

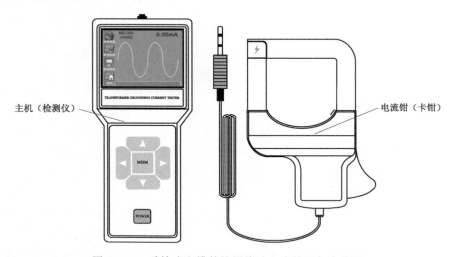

图 14-1　手持式电缆外护层接地电流检测仪实物图

（2）主机包括：电流钳接口、USB 接口、液晶触摸屏、操作键盘、开关机键，主机（检测仪）面板，手持式电缆外护层接地电流检测仪主机实物图如图 14-2 所示。

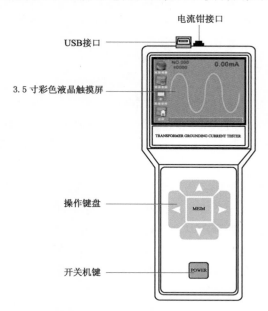

图 14-2　手持式电缆外护层接地电流检测仪主机实物图

（3）钳型互感器（卡钳）包括：电流钳、扳机、输出引线、插头，钳型互感器（卡钳）结构图如图 14 - 3 所示。

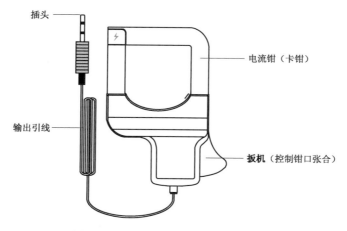

插头

输出引线

电流钳（卡钳）

扳机（控制钳口张合）

图 14 - 3　钳型互感器（卡钳）结构图

二、仪器测试原理及特点

（1）主机：采用高速微处理器，3.5 英寸彩色触摸液晶屏，智能触摸操作，方便快捷；能实时显示被测电流的大小及波形；运用 FFT 变换、数字滤波等技术，使测试数据更准确；具有报警临界值设定及报警指示功能；具有日期时钟及设置功能；具有自动关机功能；具有设定试品编号功能；具有 USB 接口，可将存储数据导入电脑，仪器可以存储数据及波形 200 组。

（2）电流钳：选用特殊合金，采用磁性屏蔽技术，受外界磁场影响小，抗干扰能力强，确保了常年无间断测量的高精度、高稳定性、高可靠性。其钳口内径为 80mm×80mm，可钳 ϕ80mm 以下的电缆或接地线，或钳 96mm×4mm 扁钢地线，便携式钳形设计，不必断开被测线路，非接触测量，安全快速。

（3）监控软件：具有在线实时监控与历史查询功能，动态显示，波形指示；具有报警值设置及报警指示；具有历史数据读取、查阅、保存、打印等功能。

（4）技术指标：

1）电源：DC 9V 碱性干电池 LR6 1.5V×6。

2）钳口尺寸：80mm×80mm（可钳 ϕ80mm 导线）。

3）电流量程：AC 0.00mA～1000A。

4）频率：10～1000Hz。

5）分辨率：AC 0.01mA。

6）精度：±2%±5dgt。

7）显示模式：3.5in 彩色触摸液晶屏（320 点×240 点）。

8）操作方式：同时具有智能触摸和按键控制方式。

9）主机尺寸：198mm×100mm×45mm。

10）电流钳尺寸：194mm×145mm×40mm。

11）质量：主机450g（含电池）；电流钳780g。

12）采样速率：2次/s。

13）数据存储：200组（掉电或更换电池不会丢失数据）。

14）日期时钟：具有日期时钟及设置功能。

15）试品编号：具有测试点编号设置功能。

16）自动关机：具有自动关机及不自动关机功能设置功能，开机默认5min后自动关机。

17）触摸屏校准：具有触摸屏校准功能。

18）USB接口：具有USB接口，可将仪器所存数据导入电脑。

19）报警设置：报警临界值设定范围：10mA～99.99A。

20）报警指示：当测试值超出报警临界值时，液晶闪烁、蜂鸣器响。

21）线路电压：AC 600V以下线路测试。

22）电池电压：当电池电压降到7.2V±0.1V时，电池电压低符号显示，提醒更换电池，此时测量的数据同样是准确的。

23）引线长度：电流钳引线长度为2m。

24）工作温湿度：－10～40℃；90%RH以下。

（5）操作说明：

1）开、关机。按"POWER"键开机，LCD显示功能菜单页面，若开机后LCD不断黑屏闪烁，可能电池电压不足，请更换电池，再按"POWER"键关机。本仪器具有自动关机时间设定功能，自动关机时间设定范围从000～999min，当时间为000min则不关机。仪器默认每次开机5min后自动关机。

2）数据测量。将主机（检测仪）与电流钳连接好，开机进入"功能菜单"页面模式，功能菜单页面如图14-4所示。

图14-4 功能菜单页面

在功能菜单页面下，按"◄"或"►"键移动光标到"数据测量"图标，再按"MEM"键或点击液晶屏"数据测量"图标进入数据测量页面，将电流钳钳住被测线路，观察读数，若仪器显示"OL"符号，表示被测电流超出了仪器的上量限。测量完毕后再按"▲"或"▼"移动光标到"返回"图标（如图14-5所示），按"MEM"键或点击液晶屏"返回"图标返回功能菜单页面。

注：仪器波形具有自动放大功能，不能根据波形幅值来判断电流大小。

3）时钟设置。在功能菜单状态下，按"◄"或"►"键移动光标到"时钟设置"图标，再按"MEM"键或点击液晶屏"时钟设置"图标进入时钟设置页面，按"◄"或"►"键或点击液晶屏"◄"或"►"图标可移动光标到年、月、日、时、分，按"▲"或"▼"键或点击液晶屏"▲"或"▼"图标更改日期、时间的数值大小。按"▲"或

"▼"键移动光标到"返回"图标，再按
"MEM"键或点击液晶屏"返回"图标返回
功能菜单页面。

4）数据保存。在数据测量页面下按
"◀"键或点击液晶屏"数据保存"图标进入
数据保持，液晶屏上显示"NO.XXXHD"
字样，仪器把电流、波形、时间、试品编号
保存到内存里，NO.XXX表示已存组数，再
按"◀"或点击液晶屏其他图标退出。

5）数据查阅。在功能菜单状态下，按

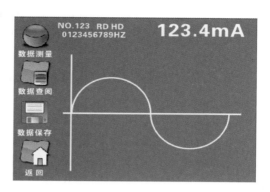

图 14-5 数据测量页面

"◀"或"▶"键移动光标到"数据查阅"图
标，再按"MEM"键或点击液晶屏"数据查阅"图标进入数据查阅页面，按"▲"或
"▼"键翻阅，按"▲"或"▼"键移动光标到"返回"图标，再按"MEM"键或点击液
晶屏"返回"图标返回功能菜单页面。

6）试品编号。在功能菜单状态下，按"◀"或"▶"键移动光标到"试品编号"图
标，再按"MEM"键或点击液晶屏"试品编号"图标进入试品编号页面，按"◀"或
"▶"键或点击液晶屏"◀"或"▶"图标可移动光标，按"▲"或"▼"键或点击液晶
屏"▲"或"▼"图标更改试品编号，按"▲"或"▼"键移动光标到"返回"图标，再
按"MEM"键或点击液晶屏"返回"图标返回功能菜单页面。

7）数据删除。在功能菜单状态下，按"◀"或"▶"键移动光标到"数据删除"图
标，再按"MEM"键或点击液晶屏"数据删除"图标进入数据删除页面，光标在"是"
位时按"MEM"键或点击液晶屏"是"图标即删除已存数据，光标在"否"位时按
"MEM"键或点击液晶屏"否"图标不删除，并返回功能菜单页面，按"▲"或"▼"键
移动光标到"返回"图标，再按"MEM"键或点击液晶屏"返回"图标返回功能菜单
页面。

注：删除数据后，不能再恢复，请谨慎操作。

8）触摸屏校准。在功能菜单状态下，按"◀"或"▶"键移动光标到"触摸屏校准"
图标，再按"MEM"键或点击液晶屏"触摸屏校准"图标进入触摸屏校准页面，并依次
点击液晶屏上"＋"号，校准后返回功能菜单页面。

9）设置关机。在功能菜单状态下，按"◀"或"▶"键移动光标到**"设置关机"**图
标，再按"MEM"键或点击液晶屏**"设置关机"**图标进入设置关机页面，按"◀"或
"▶"键或点击液晶屏"◀"或"▶"图标可移动光标，按"▲"或"▼"键或点击液晶
屏"▲"或"▼"图标更改自动关机时间，自动关机时间设定范围从000~999min，仪器
默认每次开机5分钟后自动关机，当时间为000min则不关机，按"▲"或"▼"键移动
光标到**"返回"**图标，再按"MEM"键或点击液晶屏**"返回"**图标返回功能菜单页面。

10）设置报警。在功能菜单状态下，按"◀"或"▶"键移动光标到**"设置报警"**图
标，再按"MEM"键或点击液晶屏**"设置报警"**图标进入设置报警页面，按"◀"或
"▶"键或点击液晶屏"◀"或"▶"图标可移动光标，按"▲"或"▼"键或点击液晶

屏"▲"或"▼"图标更改报警值，报警临界值设定范围为：00.00～99.99A，按"▲"或"▼"键移动光标到"返回"图标，再按"MEM"键或点击液晶屏"返回"图标返回功能菜单页面；

注：每次开机默认的报警临界值为"00.00"A，即不报警。

（6）使用时注意事项：

1）注意本仪器面板及背板的标贴文字及符号说明。

2）电池电压偏低，仪器不断重启，请更换电池。

3）不能用于测试高于600V电压线路。

4）仪器后盖及电池盖板没有盖好时，禁止使用。

5）仪器在使用中，机壳或测试线发生断裂而造成金属外露时，请停止使用。

6）避免雨淋、腐蚀气体、尘埃、高温等场所使用。

7）避免剧烈振动。

8）在测试过程中，禁止拆卸和移动测试夹。

9）仪器的维修和调试应由专业人员进行。

10）使用、拆卸、维修本仪器，必须由有授权资格的人员操作。

三、电缆外护层接地电流检测仪的维护

（1）仪器及电流钳必须定期保养，保持清洁，不能用腐蚀剂和粗糙物擦拭。

（2）避免电流钳铁芯片变形，铁芯片变形闭合不好将影响测试精度。

（3）更换电池，请注意电池极性，长时间不用本仪器，请取出电池。

（4）定期进行仪器设备的维护保养工作，禁止超负荷、超时限、超压使用，严格遵守安全操作规程；仪器设备出现故障，应马上停机，防止故障扩大，并记录故障发生时间、原因以及故障现象。

（5）仪器使用结束，应检查仪器和配件的完好，做好保养、清洁工作，放回原位；做好防尘、防潮、防锈等工作，特殊要求的仪器必须按说明书，尽可能使用专用材料进行维护保养。

第三节 现 场 检 测

一、检测项目

电缆外护层接地电流带电检测。检测计划下达后，运检及基建单位应分解任务到班组，明确工作负责人、监护人与工作组成员，落实仪器、工器具，明确具体检测时间和项目。

二、检测周期

（1）330kV及以上：2周。

（2）220 kV：1月。

（3）110（66）kV：3 月。

（4）35kV 及以下：1 年。

（5）必要时，应采取以下措施：

1）在每年大负荷来临之前、大负荷过后或者度夏高峰前后，应加强接地电流的检测。

2）对于运行环境差、陈旧或者缺陷设备，应增加接地电流的检测次数。

三、检测前准备

电缆外护层接地电流带电检测前的准备工作如下：

（1）资料的准备。

1）掌握被试电缆型号、制造厂家、安装日期等信息以及运行情况。

2）掌握被试电缆带电检测数据、被试设备运行状况、历史缺陷以及家族性缺陷等信息。

（2）工作票准备：检测当天（或前一天），检测班组工作票签发人或工作负责人完成工作票的填写，并由工作票签发人完成签发，送达运维人员。

（3）准备好记录本、表格、检测报告等。

（4）标准化作业卡准备：检测前 2 个工作日，工作负责人完成标准化作业卡的编制，突发情况可在当日开工前完成。班组长或班组技术员负责审核工作。

（5）工器具准备。

1）检测前一天，工作负责人应确认检测工器具完好、齐备、电量充足，在校验有效期内。

2）检测工器具应指定专人保管维护，执行领用使用登记制度。

3）检查钳形互感器卡钳钳口闭合是否良好。

4）确认检测仪引线导通良好。

5）准备工具、仪器等，并运至检测现场，工器具及备品备件准备见表 14-1。

表 14-1　　　　　　　　　　工器具及备品备件准备

序号	名　　称	规格	单位	准备数量	备注
1	温度计、湿度计		个	1	
2	电缆外护层接地电流检测仪		台	1	
3	绝缘垫		个	1	
4	绝缘手套		副	1	

四、危险点分析及控制措施

作业中危险点分析及控制措施见表 14-2。

表 14-2　　　　　　　　　　危险点分析及控制措施

序号	危　险　点	控　制　措　施
1	误入带电间隔	工作中没有工作负责人或监护人带领，工作班人员不得进入作业现场

序　号	危　险　点	控　制　措　施
2	工作人员进入作业现场不戴安全帽，不穿绝缘鞋可能会发生人员伤害事故	工作人员进入作业现场必须戴安全帽，穿绝缘鞋
3	检测时发生人身感电	（1）如果工作必须接近带电部件进行，必须遵守安全规程规定的安全距离； （2）检测时，与检测无关人员撤离现场
4	有毒气体毒害作业人员	（1）人员进入 SF_6 配电装置室前，室内必须通风不少于 15min，工作区空气中 SF_6 气体含量不得超过 $1000\mu L/L$； （2）工作人员必须按规定做好防护措施，工作现场不能吸烟或饮食

五、环境要求

除非另有规定，检测均在良好大气条件下进行，且检测期间，大气环境条件应相对稳定。

（1）检测温度不宜低于 5℃。

（2）环境相对湿度不宜大于 80%，若在室外不应在有雷、雨、雾、雪的环境下进行检测。

六、待试设备要求

（1）待测设备处于运行状态。

（2）接地点位置满足测试人员带电安全距离要求，测试人员应能顺利到达测试部位开展检测。

七、人员要求

进行高压电缆外护层接地电流带电检测的人员应具备如下条件：

（1）了解高压电缆设备（电缆接头、终端等）的结构特点、工作原理、运行状况和导致设备故障的基本因素。

（2）熟悉电缆外护层接地电流检测的基本原理。

（3）了解接地电流检测仪的工作原理、技术参数和性能，掌握接地电流检测仪的操作方法。

（4）具有一定的现场工作经验，熟悉并能严格遵守电力生产和工作现场的相关安全管理规定。

（5）经过上岗培训并考试合格。

（6）工作负责人、监护人应是具有相关工作经验，熟悉设备情况和 Q/GDW 1799.1—2013《国家电网公司电力安全工作规程　变电部分》，经本单位生产领导书面批准的人员。

工作负责人还应熟悉工作班组成员的工作能力。

（7）工作组成员应熟悉工作内容、工作流程，掌握安全措施，明确工作中的危险点，并履行确认手续；严格遵守安全规章制度、技术规程和劳动纪律，对自己在工作中的行为负责，互相关心工作安全，并监督本部分的执行和现场安全措施的实施；能正确使用安全工器具和劳动防护用品。

（8）外协人员应熟悉 Q/GDW 1799.1—2013《国家电网公司电力安全工作规程　变电部分》并考试合格并经设备运维管理单位认可。

八、安全要求

（1）应严格执行国家电网公司 Q/GDW 1799.1—2013《国家电网公司电力安全工作规程　变电部分》的相关要求。

（2）带电检测工作不得少于两人。检测负责人应由有经验的人员担任，开始检测前，检测负责人应向全体检测人员详细布置安全注意事项。

（3）应在良好的天气下进行，如遇雷、雨、雪、雾不得进行该项工作，风力大于 5 级时，不宜进行该项工作。

（4）检测时应与设备带电部位保持足够的安全距离，并戴绝缘手套，穿绝缘鞋。

（5）进行检测时，要防止误碰误动设备。

九、检测仪器要求

电缆外护层接地电流检测装置应具备以下基本功能：

（1）接地电流检测仪具备电流测量、显示及锁定功能。

（2）电缆外护层接地电流检测仪具备电流采集、处理、波形分析及超限告警等功能。

（3）主要技术指标：

1）检测电流范围：0～500A；

2）分辨率：不大于 0.2A。

（4）功能要求。电缆外护层接地电流检测装置应具备以下基本功能：

1）钳形电流互感器卡钳内径应大于接地线直径。

2）检测仪器应具备电池等可移动式电源，且充满电后可连续使用 4h 以上。

电缆外护层接地电流检测仪还应具备以下功能：

1）电缆外护层接地电流检测仪具备数据超限警告，检测数据导出、查询、电流波形实时显示功能。

2）电缆外护层接地电流检测仪具备检测软件升级功能。

3）电缆外护层接地电流检测仪具备电池电量显示及低电量报警功能。

十、检测流程

开工前，工作负责人应做好技术交底和安全措施交底。开工后，工作负责人组织实施，做好现场安全、技术和结果控制。班组成员严格按照仪器设备操作规范、标准化作业卡进行现场检测，检测现场应无杂物，使用的工器具、仪器应摆放整齐有序；及时排除检测方法、检测仪器以及环境干扰问题。及时、准确记录保存检测数据。

　　（1）工作准备。

　　（2）工作许可。

　　（3）接线。

　　（4）检测。

　　（5）拆除检测接线。

　　（6）自验收。

　　（7）分析数据。

　　（8）填写检测记录。

　　（9）会同有关人员验收。

　　（10）工作终结。

十一、电缆外护层接地电流检测

　　（1）电缆外护层接地电流检测仪接线图如图 14 - 6 所示。

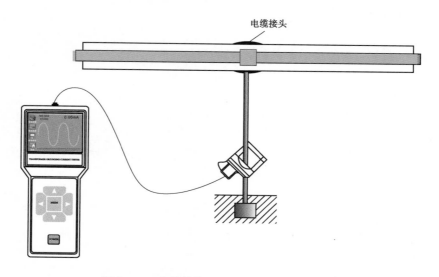

图 14 - 6　电缆外护层接地电流检测仪接线图

　　（2）检测步骤：

　　1）打开测量仪器，电流选择适当的量程，频率选取工频（50Hz）量程进行测量。

　　2）在接地电流直接引下线段进行测试（历次测试位置应相对固定，沿接地引下线方向，上下移动电流钳观察数值应变化不大，测试条件允许时还可以将电流钳钳口以接地引下线为轴左右转动，观察数值也不应有明显变化）。

　　3）使钳形互感器与接地引下线保持垂直。

　　4）待电流表数据稳定后，读取数据并做好记录。

　　5）记录负荷电流。

　　6）做好测量数据记录。

十二、自验收

（1）检查数据是否准确、完整。

（2）检测完毕后，进行现场清理，确保无遗漏。

十三、分析数据

结合电缆线路的负荷情况，依据下列试验标准比较测试结果是否满足测试标准要求。

（1）橡塑绝缘电力电缆外护层接地电流：小于100A，且接地电流与负荷比值小于20%（注意值）。

（2）对于接地电流异常的电缆线路进行跟踪分析，问题严重设备应在一周内进行复测。

十四、检测报告填写

（1）现场检测结束后，应在15个工作日内完成检测记录整理。

（2）电缆外护层接地电流检测报告格式见表14-3。

表 14 - 3　　　　　　　　　电缆外护层接地电流带电检测报告

一、基本信息

变电站		委托单位		检测单位			
检测性质		检测日期		检测人员		检测地点	
报告日期		编制人		审核人		批准人	
检测天气		温度/℃		湿度/%			

二、检测数据

电缆名称	测量地点	测量时间	负荷电流/A	负载率/%	相别	终端接地电流/A
					A1	
					B1	
					C1	
					d	
仪器型号						
结论						
备注						

十五、验收、工作终结

全部工作完毕后，工作班应清扫、整理现场。工作负责人应先周密地检查，待全体作业人员撤离工作地点后，再向运维人员交代检测项目、发现的问题、检测结果和存在问题等，并与运维人员共同检查设备状况、状态，有无遗留物件，是否清洁等，然后在工作票上填明工作结束时间。经双方签名后，表示工作终结。

第四节 故障分析与诊断

一、单端接地方式

在高压电缆的特殊连接中，最简单的连接形式就是单端接地，就是将要接地的三根单相电缆的护套的一端接地，另一端通过过电压保护器（小避雷器）接地。在护套上的其他各点，随着远离接地端，金属护层的接地电压逐渐升高，离接地点最远的点，金属护层电压达到最高值。当过电压保护器动作形成接地点，单端接地方式变为双端接地方式，否则在其他情况下电缆金属护套中是没有电流的，不会出现护套循环电流的功率损失。单端接地方式下的电缆排列方式同样具有水平排列、大品字形排列、小品字形排列这三种基本排列方式。

对于电缆护层单端接地方式，接地电流主要为电容电流，不应随负荷电流变化而变化，单芯电缆的三相接地电流应基本相等，电流绝对值不应与负荷电流比较，而应当与设计值或计算值比较，偏差较大时应查明原因。

二、双端接地方式

与单端接地方式不同，双端接地方式下电缆护套两端均直接接地，电缆护套与大地形成完整回路。这种接线方式下，高压电缆金属护层上所承受的电压为金属护套的电阻与大地回路电阻和两端接地电阻之和的分压。相比接地电阻而言，金属护层的电阻可忽略不计，所以金属护层上所承受的电压几乎为零。

对于电缆护层两端接地方式，接地电流主要为感应电流，其大小与负荷电流近似成正比。当三相非正三角形布置时，单芯电缆的三相接地电流会有差别（边相比中相大），但最大值与最小值之比应小于 2，接地电流的绝对值应不超过负荷电流的 10%，否则应采取措施，如改为电缆护层单端接地或交叉互联系统等。

三、交叉互联接地方式

交叉互联接地方式有分段交叉互联、改进型分段交叉互联、连续型交叉互联和混合型系统等接线方式。在交叉互联换位过程中，有金属护层换位和电缆线芯换位两种换位方式。为了节约高压电缆敷设空间，我国主要采用金属护层换位，电缆线芯不换位的交叉互联方式。

目前，单芯高压电力电缆广泛采用三段式交叉互联方式进行连接。三段式交叉互联接线方式就是俗称的交叉互联接线方式，是将护套分为三个小段，然后将各部分的金属护层在每个小段的连接处进行交叉换位连接，以此来中和总的三相感应电压。三段交叉互联具体的连接方式为：对位于一个完整交叉互联段的首端与末端的金属护层，通过直接接地箱将其接地；在两个交叉互联小段相接触的位置，将同一相的金属护层断开，通过交叉互联箱与相邻段的金属护层进行换位，再通过电压保护器接地。

当交叉互联换位出现错误时会导致接地电流显著增大。电缆接地系统中，一组完整的交叉互联段内交叉互联换位次序应该前后一致，即同时为"A→B→C→A"或者"A→C→B→A"。

对于交叉互联系统，正常情况下应当三相平衡且数值都不大，当接地电流大于负荷电流的 10％或三相差别较大时，应检查交叉互联接线是否错误，分段是否合理。

在电缆换位过程中，A、B、C 三相电缆的标识分为两类。一种是以线芯相位为标准的标注，另一种是以金属护层为标准的标注。由于各个厂家之间还没有形成统一性的标准，导致在交叉互联系统金属护层换位箱的制作和安装过程中容易出现金属护层相位混乱的情形，导致交叉互联换位失败，由以往经验来看，交叉互联换位失败时的接地电流与正常交叉互联换位时的接地电流相比，表现出一相接地电流小，另两相接地电流特别大的特征，一般大于最小接地电流相的 6 倍以上。

第五节 案 例 分 析

一、220kV 电缆外护套存在破损导致接地电流试验超标

某 220kV 电缆在进行"三测"工作中发现接地电流超标。该 220kV 电缆接地电流的最大值为 132A（实际为两相接地电流的矢量和，负荷 1302A），发生在 2 号接头 A 相，超过 100A 的共有 4 处。对照《国家电网公司变电检测管理规定（试行） 第 9 分册 电缆外护层接地电流检测细则》，电缆接地电流超过 100A 属于严重缺陷，因此申请停电处缺。

在申请对该电缆停电进行缺陷查找后具体工作如下：

1. 互联系统接线位置检查

对第一段交叉互联系统（1 号、2 号、3 号中间接头）接头及接地箱、交叉互联箱进行了检查，中间接头位置及交叉互联电缆接线正确，接地箱及交叉互联箱使用位置及内部接线正确，无异常。

2. 护层保护器试验

对第一段交叉互联系统的护层保护器进行了试验，护层保护器正常。

3. 外护套的绝缘电阻试验及直流耐压试验

对第一段交叉互联系统的电缆进行外护套的绝缘电阻试验及直流耐压试验，发现 A 相（2～3 号接头中间位置）直流耐压加压至 6kV 未通过，发现电缆外护套上存在一个破损，如图 14-7 所示。对此划痕进行处理，再次试验合格。

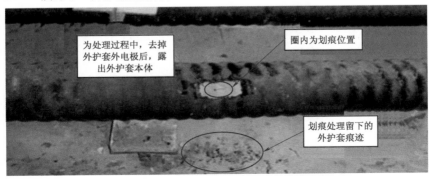

图 14-7 220kV 电缆外护套破损

二、电缆护层接地电流检测发现 110kV 交联单芯电缆护层破损缺陷案例

某单位对所辖的 110kV 及以上交联单芯电缆开展护层接地电流带电检测，在检测中发现某条电缆 B 相护层电流值为 18A，A、C 相电缆护层电流值小于 1A。110kV 交联单芯电缆护层破损如图 14-8 所示。

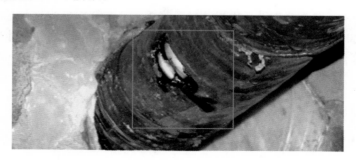

图 14-8　110kV 交联单芯电缆护层破损

随后立即进行停电检查，发现 B 相用 1000V 兆欧表测得数值为 0，其他两相为 200MΩ，初步认定为电缆 B 相护层损坏，金属护层直接接地。在对电缆线路摸排中，发现距站内 GIS 电缆终端 68m 处一电缆支架尖端将电缆外护套扎破。修补后，用 1000V 兆欧表测得数值为 200MΩ，护层接地电流恢复正常。

参 考 文 献

［1］ 国网技术学院．GIS 特高频与超声波局部放电检测［M］．北京：中国电力出版社，2015.
［2］ 国网技术学院．开关柜暂态地电压与超声波局部放电检测［M］．北京：中国电力出版社，2015.
［3］ 国家能源局．DL/T 2050—2019 高压开关柜暂态地电压局部放电现场检测方法［S］．北京：中国电力出版社，2020.
［4］ 国家能源局．DL/T 846.11—2016 高电压测试设备通用技术条件　第 11 部分：特高频局部放电检测仪［S］．北京：中国电力出版社，2017.
［5］ 国家电网公司运维检修部．电网设备带电检测技术［M］．北京：中国电力出版社，2015.
［6］ 国家能源局．DL/T 722—2014 变压器油中溶解气体分析和判断导则［S］．北京：中国电力出版社，2015.
［7］ 李孟超，王允平，张洪波．变压器油气相色谱分析实用技术［M］．北京：中国电力出版社，2010.
［8］ 李德志．电力变压器油色谱分析及故障诊断技术［M］．北京：中国电力出版社，2013.
［9］ 孟玉婵，朱芳菲．电力设备用六氟化硫的检测与监督［M］．北京：中国电力出版社，2009.
［10］ 中国国家标准化管理委员会，中华人民共和国国家质量监督检验检疫总局．GB/T 8905—2012 六氟化硫电气设备中气体管理和检测导则［S］．北京：中国标准出版社，2013.
［11］ 普恩平，唐上林．红外热成像技术在电力系统故障诊断中的应用［J］．电力技术，2009（17）.
［12］ 谭盟，杨艳．浅谈红外热成像技术在电气设备上的应用［J］．科技与生活，2010：93.
［13］ 李传才，魏泽民．紫外成像检测变电设备电晕放电的实际应用［J］．浙江电力，2012（31）：3.
［14］ 王金炜，汤卫．紫外成像仪在 500kV 变电站的应用，电力安全技术，2016（18）：62.
［15］ 国家能源局．DL/T 1785—2017 电力设备 X 射线数字成像检测技术导则［S］．北京：中国电力出版社，2019.
［16］ 国家电网公司运维检修部．电网设备带电检测技术［M］．北京：中国电力出版社，2015.
［17］ 国网山东省电力公司烟台供电公司．电网设备带电检测技术及应用［M］．北京：中国电力出版社，2017.
［18］ EPTC 带电检测专业教研组．带电检测仪器手册［M］．北京：中国电力出版社，2020.
［19］ 国网冀北电力有限公司．变电设备带电检测典型案例分析［M］．北京：中国电力出版社，2017.
［20］ 国网安徽省电力有限公司．电网设备带电检测典型案例 100 例［M］．合肥：中国科学技术大学出版社，2017.
［21］ 国网湖南省电力公司星沙培训分中心．电气设备带电检测技术及故障分析［M］．北京：中国电力出版社，2015.